指南针

负 责 指 北

我 总是 想太多

人际高敏感
自救指南

朱志慧 著

天 地 出 版 社 | TIANDI PRESS

图书在版编目（CIP）数据

我总是想太多：人际高敏感自救指南 / 朱志慧著 . —
成都：天地出版社，2023.9
ISBN 978-7-5455-6972-8

Ⅰ . ①我… Ⅱ . ①朱… Ⅲ . ①心理学—通俗读物
Ⅳ . ① B84-49

中国国家版本馆 CIP 数据核字（2023）第 031010 号

WO ZONGSHI XIANG TAI DUO: RENJI GAO MINGAN ZIJIU ZHINAN

我总是想太多：人际高敏感自救指南

出 品 人 杨　政
作　者 朱志慧
责任编辑 王　絮　高　晶
责任校对 张月静
封面设计 今亮后声
内文排版 冉冉工作室
责任印制 王学锋

出版发行 天地出版社
　　　　　（成都市锦江区三色路 238 号　邮政编码：610023）
　　　　　（北京市方庄芳群园 3 区 3 号　邮政编码：100078）
网　　址 http://www.tianditph.com
电子邮箱 tianditg@163.com
经　　销 新华文轩出版传媒股份有限公司

印　　刷 北京文昌阁彩色印刷有限责任公司
版　　次 2023 年 9 月第 1 版
印　　次 2023 年 9 月第 1 次印刷
开　　本 880mm×1230mm　1/32
印　　张 9.5
字　　数 200 千字
定　　价 56.00 元
书　　号 ISBN 978-7-5455-6972-8

自　序

　　2021 年春天，我收到了一条来自舞者的信息。她是我的一位来访者。

　　她转述了"高敏感人群"的一些特点，然后问我："我遇到的某些困难是不是和高敏感有关？"这位来访者常常感到焦虑、悲伤、孤独，总是感到疲劳，曾经被诊断为抑郁症。她面临的一个突出的困难是：在工作中、亲密关系中和人发生互动时很容易紧张，情绪有很大的起伏。她感到自己这种状态阻碍了她的个人发展。

　　非常巧的是，就在收到舞者这条消息的前几天，壹心理平台负责课程开发的小伙伴联系我说："我们要不要做一门有关高敏感人群的课程呢？"壹心理平台是目前国内最大的心理学平台，从 2011 年到现在，用户已经积累了 3000 多万。在这么多年的发展过程中，他们一直关注着一个主题 —— 我们可以怎样帮助用户。而"高敏感"这个选题，恰恰是在这样的背景下，平台根据用户们的提问、留言和关注筛选出来的。

　　我并没有把课程的事告诉舞者，她却给我发来了这样的信息。在那一瞬，我想到了荣格说的"共时性"。看似没有因果联系、没有相关因素的两件事神奇地同时发生了。这强化了我参与制作这个课程的动机。

鉴于我的学习背景，我和课程开发的小伙伴商量：可不可以尝试从"创伤"与"创伤修复"的角度，来阐述我对"人际关系的高敏感"的理解，介绍可能有效的应对办法？我知道这可能并非一个特别大众的角度，也许不会被很多人迅速理解和接受，但是，从我的咨询工作中，我确实看到了它的效果。

最初，在舞者找我咨询的过程中，我发现她人际敏感的一个表现是：在工作中，如果有人对她"指手画脚"，她就会产生很强的情绪反应。她会感到委屈、生气、听不进对方的话，但同时也会忍气吞声。这样的情景对她来说很不愉快，让她难以心情舒畅地工作。可她也会注意到，有的同事在面临同样的情况时却很平静，不为所扰，继续愉快地上班下班。

经过咨询，有一天舞者告诉我："今天领导对我的工作提出了意见，我平静地听着，还问她，怎么样才能处理得更好。"听到舞者这样说，我既欣慰又兴奋。欣慰的是，我们共同的付出有了好的结果，就像我们种下的种子终于开花了；兴奋的是，即使明知花会开，但是在它绽放的那一瞬，我们仍然会为之迷醉。我的工作就是遵循着"创伤修复"的思路来做的。

我眼里的舞者，是一个特别能探索、行动力很强、既美丽又有勇气的女孩子。她今年才 20 多岁，来自一个普通的家庭，父母没有给她很多经济支持，靠自己的能力在海外就业。工作之余，她最大的爱好是舞蹈，但从小因为家境限制，父母并没有在这方面给她大力的支持。她从十几岁开始，就想各种办法维持自己和舞蹈的联系。比如中学时，她会主动去寻找舞蹈学校，免费帮忙接待客户、做清洁工作，使老师乐于在闲暇时教她舞蹈；成年后，她也总是拿出一部分收入来继续学习舞蹈。此外，业余时间她还组织了自己的舞蹈小团队来表演、录制节目。

但是，在舞者的心里，她常常会觉得自己非常糟糕，认为自己不够勤奋和聪明。一旦遇上那些似乎显示她不够好的情境，这些观念造成的负性情绪就会跑出来影响她。

舞者之所以会有这样的反应，在我看来，是和她童年的创伤性经历有关的。在童年，她常常被父母忽视甚至遭受过一定程度的虐待。比如 3 岁多的时候，手受伤了，她去找妈妈寻求抚慰，她妈妈却丝毫不为所动；在日常生活中，她妈妈也经常会打她，还有很多言语抱怨。而舞者的父亲，虽然没有主动、明显地加入虐待的行列中来，但在这些场合却是隐身的、不干预的。父母本来应该是和她最亲近、互动最密切的人，却以苛责者的形象出现在她的生活中，造成了舞者的负性信念。同时，那些伤痛时刻的情绪、身体反应也留在了她的记忆中。

记忆是有痕迹的，存在于神经网络中。2000 年，埃里克·坎德尔因为"在大脑记忆存储方面的研究"，与好友保罗·格林加德、阿尔维德·卡尔森共同获得了诺贝尔生理学或医学奖。他们的研究表明，因为记忆的影响，我们把过去的情绪、生理反应和行为搬到了当下。我们貌似生活在"现在"，实际上依然生活在"过去"。只有把创伤性记忆真正修复了，"过去"才能真的过去。

我和舞者一起寻找了当前生活中会激发她不良情绪的人际关系情境，追溯了有同样负性信念、情绪和身体感受的过往记忆，寻找了应对那些不良情境的资源，做了身体练习。一段时间后，舞者慢慢发生了前面描述的那些改变。

我和舞者一起完成的这些内容，是否可以通过课程的形式推广给更多有需要的人呢？感谢壹心理平台的小伙伴，他们愿意和我一起尝试，于是有了《朱志慧的人际敏感课》，接着，又有了您眼前的这本书。

在这本书里，我会从"创伤修复"和"认知重建"的角度，以模拟的案例（根据心理咨询的保密原则，本书中的案例是以真实案例为基础创作的虚拟案例）做例子，介绍一些我对"人际关系的高敏感"问题的理解和自助方法。这些方法源自我对心理咨询中认知行为治疗流派和 EMDR（眼动脱敏再加工疗法）治疗流派理论和技术的学习和实践。我会使用尽量简单、清晰的语言来介绍这些内容。

本书由 4 个部分共 12 章组成：第一部分包括第一章和第二章，主要界定了我们这本书要讲的人际关系中的高敏感的定义，并通过具体案例和数据帮助大家真正理解"人际关系"对人生幸福的重要影响，以及说明"高敏感"产生的原因和可能的改变途径。

第二部分包括第三章、第四章和第五章，介绍的是剖析和改变"高敏感"之前非常必要的准备工作，以及帮您确认能引发您"高敏感"的因素和您具体的高敏感反应是什么。

第三部分由第六章、第七章、第八章、第九章和第十章这5章组成。第六章介绍了"高敏感"背后可能潜藏着的几种引起我们情绪波动的负性信念，以及可能替换这些负性信念的正性信念；第七章到第十章则针对人际关系中的高敏感常见的问题，如"追求完美，不愿出错""担心被拒绝""在关系中过度妥协"以及"感受不到人生的意义或乐趣"等等，以案例的形式做了具体呈现，也解读了情绪波动可能的原因，提出了做出改变的可能途径与一些自助方法。

第四部分包括第十一章和第十二章。第十一章从一些大家平时可能没注意到的、影响人际互动的不合理观念入手，介绍了如何建立滋养自己的人际关系。第十二章一方面对全书做了总结，另一方面进一步阐述了"创伤修复"的理念和方法，鼓励大家去寻找并勇敢地尝试做真实的自己，建立真实的人际关系，而不是虚伪地敷衍人际关系，并为之"痛苦"和"高敏感"。

不得不说，修复自己的高敏感和寻找真实的自己确实是一件非常不容易的事，因为每一个经历过创伤的人，可能已经忽视自己很久了，甚至可能都意识不到自己在忽视自己。另外，一个长期经历创伤的人，可能从来想象不到，如果做了真实的自己，是有可能得到善待的。比如舞者，她一开始就对我讲："我不敢告诉别人我真正的家庭背景、我的经历，我怕别人看不起我。"可是在我看来，她的家庭背景就是成千上万的中国普通老百姓的家庭，没什么值得羞耻的，而她的经历也并没有什么丢人的地方，甚至还有很多让我肃然起敬的部分呢。

在做过一段时间的心理咨询后，舞者开始试探着小心地向当时的男朋友讲了她的家庭和经历。结果她的男朋友表示，体会到了她的不容易，感到比以前更了解她了，愿意更加耐心和大度地和她相处。舞者如释重负。不管男朋友能不能做到他所说的这些，不管这段恋情的走向如何，至少舞者以后不再觉得自己丢人了。她会更敢于做自己。

还有我另一位亲爱的来访者明月，她最初也有一大烦恼，就是和人相处的时候总是非常不安，不知道怎么才能合群，不知道怎么表现才能更受大家欢迎。在做了一段时间的心理咨询后，她也告诉我说："我发现，当我敢于做真实的自己的时候，喜欢我的人反而多了。"明月是一个优雅、正直、有学识、有修养、很能体谅他人的女孩子，当她勇敢地去践行咨询意见，并且有了这样的体会的时候，我深深地感到高兴。

总之，在我看来，束缚我们的都是过去的经历。我们正是因为心灵依旧留在"昨天"，所以一直在重复过去的心态和与人互动的模式。关注自己的成长过程，把注意力转到当下，改变旧日经历带来的对自己、对他人、对世界和对"关系"的认知，勇敢地尝试探索自己，去做真实的自己，是改变由创伤经历带来的"人际关系的高敏感"的必经之路。

　　那么，这本书和原来的音频课又有哪些区别呢？

　　首先，原先的音频课考虑到了人们听课和读书时思维能力的差异。比如文字是可以不限时间反复阅读的，而音频要随时暂停没那么方便，因此，音频课制作的原则是"一听就明白"。因为文字书写可以给读者更多的思考空间，所以本书添加了一些相对"深奥"的内容，比如对复杂型创伤后应激障碍常见表现的介绍等。

　　其次，考虑到音频课"同音不同词"对大家理解内容的影响，因此我们尽量避免使用一些复杂词汇，但这也限制了对一些内容的介绍。而在纸质书中我们就不必有这样的担心，因此在内容上纸质书会更加清晰。

　　再次，考虑到人的注意力集中时间有限，所以音频课一节课的内容不能太长，很多问题并没能充分展开。而在纸质书中，这部分内容得到了补充，并增加了相当多的案例，使得本书更加生动，更容易理解。

　　最后，我们根据音频课课后听众的反馈，对课程内容做了相应的结构调整，使得全书更加流畅。

　　当然，原来的音频课仍然具有它的优势。声音比文字更生动，是和一个人更进一步的接触，能达成一种比仅仅通过文字交流更有温度的人际关系。文字印在书上时，你会按照自己的理解去揣摩作者的语气，从而可能产生不同的想法。但是，如果听到作者亲口说出这句话，你就会获得更准确的信息。就像《朱志慧的人际敏感课》音频课播出后，我会收到那些听众的留言："我听了你的课程感觉很好，你的声音很温柔很温暖……"舞者给我的反馈也是如此，她说："当我脑子里响起我的妈妈对我说的那些难听的话的时候，我就用你的声音，以及你对我说的那些话去替换它们。"这种声音传递的是温暖和温柔。根据我们书中的理论，它激活的是我们更原始的、和情绪更接近的脑的部分。

在此，特别感谢舞者和其他在咨询中给我真诚反馈的来访者。大家的反馈让我对本书中介绍的一些练习的效果更清楚、更有信心，也帮助我知道了什么地方能做得更好，从而让我能更好地为大家服务。希望同样为高敏感问题烦恼的您，能通过这本书增加对自己的理解和接纳程度，并像舞者他们那样掌握一些便于操作的自助方法，帮助您更好地生活。

特别说明：心理自助书籍不等于心理咨询，更不等同于心理治疗。遇到更严重心理问题的朋友们，请记得寻求相关人士的专业帮助。此外，知识是无限的，虽然我的工作帮助了很多人，但是在许多更有经验的老师看来，这些工作可能还有不少需要完善的部分，我诚恳地欢迎各位前辈指正。最后，感谢壹心理平台和天地出版社，让我有和读者们分享的机会。

目　录

第一部分

人际关系中的"高敏感"

第二部分

改变"高敏感"之前
必要的准备

第三部分

如何应对高敏感引起的
人际关系问题

第四部分

如何建立滋养自己的
人际关系

第一部分

*

人际关系中的"高敏感"

第一章

理解：
什么是"高敏感"

在生活中，有些朋友会注意到自己身上存在以下现象：对很多人来说无所谓的一些东西，却会让自己特别难受，比如声音、光线、味道，以及别人说的一些话和做的一些事。就像韩国育儿综艺节目《我金子般的孩子》里，一个叫夏琳的小女孩表现出的那样。这个孩子，在遇到日常生活中的一些琐事时，会有特别大的反应。比如她总是说弟弟身上有怪味道，受不了弟弟接近她；涂药的时候，她也会说药物有味道，拒绝涂药，而这些味道妈妈闻起来就没什么。又比如，在和爸爸玩游戏输了的时候，她会气得不断拍打自己的额头。还有，放学回来，如果妈妈忘了提前把门打开，她就会在楼道里尖叫跺脚，大喊"救命"。和普通孩子相比，她是那样脆弱敏感，经不起一点点风吹草动。这样的表现，如果放在成人身上，显然这个人是很难被人理解和喜欢的，同时，这些表现也会让他们在人际关系中很痛苦。那么，这样与众不同的人，到底怎么回事呢？在生活中，这样的人有没有可能拥有不那么痛苦的人际关系呢？

第一节

定义"高敏感"

关于高敏感，我想从一个故事谈起。

一个人学习拉二胡，仅用一两年的时间水平就提高了很多。很多人都赞美他拉得很好，他也觉得自己水平已经很高了，甚至超过了他的老师，于是他就去向老师告别，准备自己开山立派。老师同意了他的要求，但是提出了一个条件，需要他在临行前陪自己去山里寻找一位高人。

这个人同意了老师的条件。于是在某一个风和日丽的日子，两个人一起上路，去了深山里面。山里景色秀丽，鸟语花香，这个学拉二胡的人认为此行也算一次不错的放松。到了某个地方的时候，天色已近黄昏。他的老师停住脚说："那位高人住的地方就在前面不远处，但是他脾气很古怪，突然见到不认识的人来拜访会大发脾气。你先在这里等等，等我和他说好后再回来找你。"

这个人同意了老师的安排，但是他没有想到一等就等了好几个小时。眼看天色慢慢地暗下来了，老师却依旧不见踪迹。不知不觉间，暮色遮掩了周围的一切，世界慢慢地静下来，他忽然意识到，今夜他似乎被困在这里了。虽然这座山并不是什么人迹罕至的山，他待的地方也不是什么险峻之处，但是他还是觉得莫名心慌和不安。天完全黑了，他什么都看不到了，于是竖起耳朵来拼命觉察周围的动静，希望能听到老师回来的声音，然而过了很久，都没有听到有人回来的迹象。但是他慢慢地听到了水流的声音，风拂过树梢的声音，听到了草丛里昆虫在鸣叫，树林里鸟儿在振动翅膀，某个地方似乎有动物在悄悄走近……好像一个崭新的，他从来没有注意到的世界展露在了他的面前。他提心吊胆，既警觉又兴奋，就这样度过了一夜。

第二天早晨，当他的老师再次出现在他面前时，他似乎已经明白了什么，两个人一起默默踏上了回程。当再次回到城市里的时候，这个人惊讶地发现整个世界似乎改变了。他听到了很多之前没注意到的声音——身边木轮车经过时吱吱扭扭的声音，街旁年轻母亲呵哄孩子的低语，墙头巷口猫狗追逐打闹的声音，这些声音如此清晰、层次分明。他彻底明白了，他距离成为大师还很远。

这个故事非常形象地讲述了一个人对声音的敏感性提高的过

程。如果在同样的环境中，一个人能够听到别人听不到的声音，那么我们就会说，他在对声音的感受性方面是比他人敏感的，或者说他对声音高敏感。对声音高敏感有助于一个人在音乐方面取得大的成就，比如中国自古就有顺风耳的传说。据说顺风耳的形象来源于古代一位技艺高超的音乐家——师旷。师旷双目失明，却对声音有着极强的敏感性，能听到很多常人听不到的细微声音。

和对声音的高敏感一样，如果一个人对颜色高敏感，就能够将别人眼中看不出区别的颜色看出不同的层次来，比如我们觉得某样东西是绿色的，他却从这个绿色中看出了至少三个层次，那么他在画画或者绣花等与色彩表现力有关的成就可能会远远超出普通人。

那么，从上面的故事里，我们可以得出"高敏感"的含义。高敏感是指一个人在某些方面的敏感度要比其他人高，能看出别人看不出的东西，听到别人听不到的东西，或者感受到别人感受不到的东西。当然前提是，这些东西是客观存在的。

如果一个人感受到的是别人感受不到、客观上也并不存在的东西，那么这不是高敏感，这是患了疾病的表现。比如一些得了精神疾病的人，就会出现幻觉，听到实际并不存在的声音，看到实际并不存在的人或图像。就像电影《美丽心灵》中的情节，大数学家约翰·福布斯·纳什能见到他的室友查尔斯和查尔斯的小侄女玛希，还和他们说话；但他的妻子从来没见到过他们。这两个人都是纳什的幻觉。当一个人的高敏感属于疾病情况时，他需要及时去医院诊断治疗，不能通过心理咨询以及心理自助来解决。

那么，敏感度是不是越高越好？并非如此。仍然拿对声音的敏感度来举例子。古龙的《楚留香传奇》系列小说《蝙蝠传奇》里有个人叫英万里，人称天下第一名捕，绰号是"白衣神耳"。他的两只耳朵是用合银打成的，再嵌入耳骨，使他的听觉特别灵敏，远远超出常人。这个特点对他的日常工作帮助很大。然而在和蝙蝠公子原随云对决时，蝙蝠公子把他和楚留香等人关在了一个通着铜管的山洞里，通过铜管不断地向洞里制造巨大的噪音。楚留香和胡铁花等人勉强抵御住了噪音的侵扰，但英万里因为耳朵听力太好，平常听力比别人灵敏多少倍，现在承受的痛苦也就比别人多多少倍，最后他痛苦到扯下了自己的合银耳朵，昏死了过去。

水能载舟，亦能覆舟。人际关系也是这样，高敏感可能在一些时候会帮助到你，但在另外一些时候对你也会产生不好的影响，就像本章一开始我们提到的韩国电视节目里面的夏琳小姑娘。过度敏感会让我们在和他人相处的时候，对别人没反应的情境产生强烈的反应。有时候这些反应得不到他人理解，就会使我们被他人"另眼相看"，这让我们自己备受折磨，同时也让我们无法拥有良好的人际关系。

第二节

人际关系的重要性

当谈到人际关系的时候，很多人心情会很复杂。他们一方面希望有好的人际关系，希望朋友、亲人间能真正做到关心、支持和陪伴；另一方面有时候又觉得，维护人际关系不是他们自己想做的，而是被环境逼迫的，比如讨好上司，屈从父母。他们可能更想这样呐喊："安能摧眉折腰事权贵，使我不得开心颜！"

本书的目标不在于教大家如何伪装、如何委屈自己、压抑憋屈地生活，而在于和大家一起了解自己，发现自己的内在需要，根据自己的需要建立使自己身心舒畅的良好人际关系。我们这样做并不是为了取悦他人，而是为了让自己幸福。因为，科学研究发现，好的人际关系是人生幸福的源泉。

在生理方面，人际关系是人生存的基本需要

罗纳德·阿德勒和拉塞尔·普罗科特著的《沟通的艺术》中提到一个古老的实验。据传，在1196年到1250年间，神圣罗马帝国皇帝腓特烈二世下命令做了这项实验。皇帝为了研究"在没有人跟婴儿交流的情况下，婴儿会开口先说出哪一种语言"这个问题，找了一些婴儿来喂养，同时命令下人们只许照顾婴儿的身体，绝对不准他们对婴儿说话。实验的结果是所有的婴儿都在学会开口说话之前死去了。

虽然婴儿们没有受到身体上的虐待，得到了充足的食物和卫生的居住环境，但是他们没得到那些充满情感的语言慰藉，没能体会到人和人之间的联结。腓特烈二世皇帝的实验故事虽然被广为引用，但也可能只是个传说，因为不同版本的传说中，实验发起者的身份总是变来变去。不过，20世纪80年代初，"罗马尼亚孤儿"这一真实事件就像这个古老的皇帝故事的翻版。罗马尼亚曾颁布了一系列法令鼓励人民多生孩子，禁止避孕，禁止堕胎。在这样的政策下，有不少女性婚前怀孕但又不想要孩子，就会偷偷生下孩子再将之抛弃；还有很多家庭因为生育过多孩子，无力抚养，也会遗弃孩子，于是罗马尼亚每年会出现约1万名被遗弃的儿童。

为了解决这个问题，罗马尼亚在全国陆续建造起数百所孤儿

院，但是，这些孤儿院普遍存在人手不足、护工素质低下、经费不足的问题。有报告称，这里超过 10 万名孩子生活在寒冷的仓库里，只能得到很少的食物和衣服；照料孩子的人很少，他们无法给孩子们提供足够的爱护和关注，更没有给予他们必要的肢体接触；喂奶时，护工会用东西顶住塞在孩子嘴里的奶瓶，让孩子自行吸吮，然后就去忙别的事情 ——虽然不再是腓特烈二世皇帝下令这样做的，但是护工们做了和几百年前一样的事，不管是有心的还是无意的。

若干年后，国际局势发生变化，这些孩子被世界看到了。科学家做了相关研究，对这些孩子的脑部进行扫描，结果显示：他们的大脑活跃程度远远落后于常人，脑灰质和脑白质体积也比常人小得多，部分大脑组织也已萎缩；他们的精神出现了问题，情绪异常；身体发育方面也出现了问题，这些孩子中只有 3% 到 10%与他们同年龄段孩子的体型相当；运动方面同样也严重受损。也就是说，如果缺乏必要的人际关系互动，人的成长发育就会受到严重影响。对成人的研究也同样表明：好的人际关系能够提高人们的生存率。

医学研究人员发现：如果缺乏亲密的人际关系，人们出现健康问题的概率就会增大。即使一个人有很健康的生活习惯，不抽烟不喝酒，而且均衡饮食，积极锻炼，但是如果他的人际关系贫乏，那么他的冠状动脉的健康程度也会和那些抽烟喝酒、过度肥胖、缺乏运动的人水平一样。此外，拥有美好人际关系的人也比那些没拥有美好人际关系的人得感冒、肺炎，患癌的概率要小。在寿命方面，和家人、朋友有着密切联系的人的寿命比那些孤独者的寿命平均长 3.7 年。总之，必要的人际关系与人类的健康和生存息息相关。

人际关系也是人心理的需要

大家小时候是否有过被孤立的经历？是否旁观过其他小伙伴出于各种原因被孤立的情景？这种社会隔离就是人为地对他人"人际关系"的割裂。当这种情境发生的时候，很多人心里都会产生孤独、恐惧的感觉，并且非常愿意付出一定代价去打破这种局面。正是因为人类这种需求的存在，在社会生活中，人们才会自然而然地使用社会隔离来惩罚罪犯或者他们想惩罚的人。因此，我们从心理上渴望好的人际关系。

拥有好的人际关系还可以减轻一个人诸如焦虑、恐惧等痛苦心理。我们可以设想一下，当我们在生活里遇到挫折和困难的时候，比如你是一个学生，在学校里遭到了霸凌，这时候，老师来支持你、处理霸凌者，同学来安慰你、帮你反抗霸凌者，父母来帮你伸张正义；和面对同样的情况老师不管不问、同学明哲保身、父母袖手旁观相比，你的情绪反应分别是怎样的？显然，拥有好的人际关系的人会更为平静，不良情绪要少得多。

在生活的不同阶段、不同方面都是如此。不管是工作中遇到挫折，还是婚姻中遇到麻烦，以及人生中遇到其他不幸，拥有好的人际关系的人，比起那些"孤独"的人，心理感觉都要好得多。

生理和心理是相互作用的。不良的情绪状态也会对人的生理有影响。我国传统医学早就发现，"怒伤肝、喜伤心、忧伤肺、思伤脾、恐伤肾"，各种过度的情绪对身体都有不良影响。这似乎也可以算作我们在前面提到过的"在生理方面，人际关系是人生存的基本需要"的补充。由此看来，拥有良好的人际关系，是人们生理和心理的双重需要。

人际关系是人成功地进行社会生活的需要

科学研究表明，好的人际关系贯穿一个人社会生活中的方方面面，确实会给人带来健康、幸福和成功。

哈佛大学从 1938 年开始，进行了一项目前听起来像传奇般的科学研究。之所以说像传奇，是因为它持续研究了 70 多年。这项研究是想发现"什么样的人最有可能成为人生赢家"。他们给赢家制定的标准是"身体健康、精神健康、有钱，还觉得自己幸福"。这项研究最初选择了 268 名当年就读于哈佛大学的本科生作为研究对象（1960 年当选美国总统的肯尼迪作为当时的在读生也成了被研究的对象之一），这批人可算是美国年轻人中处在巅峰的人啊。哈佛大学后来又补充研究了 456 名出身于波士顿附近贫困家庭的年轻人（格鲁克研究项目）作为对比。在接下来的几十年里，这些研究对象的身体健康程度、精神健康程度、亲密关系、生活质量、收入水平，以及人生满意度都被持续记录着。

在 2012 年，距离这个研究开始 75 年之后，哈佛大学出版社出版了有关研究成果的第 3 本书《经历的胜利》。书中揭示：人的健康、成功、幸福和人际关系息息相关。研究对象是否富有主要取决于他是否和周围的人有良好的关系，而并不主要取决于智商的高低。正常人的智商在 85～115 之间，平均智商为 100。研究发现，智商处于 110～115 区间的人和智商高于 150（也就是超高智商）的人在收入上没有明显差异；但是童年时和母亲关系良好的人，成年后年平均收入会比其他人高出 8.7 万美元；跟兄弟姐妹相亲相爱者平均一年能多挣 5.1 万美元。在"亲密关系"这项上得分较高的 58 个人，平均年薪是 24.3 万美元；得分较低的 31 个人，平均年薪没有超过 10.2 万美元。

童年时和母亲关系不好的孩子成年后不但收入不如别人，还更容易罹患精神疾病。童年时和父亲关系良好的人，成年后的成功不是体现在经济上，而是体现在生活满意度上：他们通常焦虑值更低，能更好地享受假期，老年时的生活满意度也更高。

所以，如果我们想达到这个目标 —— 健康、幸福、手头宽裕地活着，那么建设和拥有良好的人际关系就是一件很值得考虑的事。这不是被迫为别人做的事，这是我们可以送给自己的礼物。

第三节

人际关系与高敏感

上一节里，我们讲述了人际关系的重要性。那么，高敏感对人际关系的影响到底是什么样子的呢？先看两个例子。

认识小敏的人都知道她是一个高敏感的人，因为和朋友们相处的时候，她总能第一时间捕捉到大家情绪变化的信号。大家谈话时，某个人嘴角微微上翘，或者眼神刹那迷离，或者神情有些许不自然，在其他人都毫无觉察甚至当事人也觉得自己掩饰得很好的时候，这些都逃不过小敏的眼睛。

除了高敏感，小敏还是一个温暖、懂得共情、能够支持朋友的人。别人开心时，她可以分享别人的开心；别人难过时，她能够安慰、陪伴这个难过的人。朋友们都愿意和她相处。然而，唯一的问题是，小敏比其他人更容易疲劳。

幸运的是，小敏自己和她的家人、朋友们，对她的高敏感和容易疲劳都很能理解。他们认为：能对细微信号做出反应的人，每天接收到的信息量必然会大大超过常人，因而处理这些信息需要消耗的精力也会超出常人。小敏虽然敏感度高，但在精力和体力方面和大家是一样的，因此，她当然会比常人更容易觉得累。在这样的自我接受度高和家人朋友都理解的环境下，小敏拥有着良好的人际关系。家人、朋友享受着她的关爱，也给予她关爱。

　　而小白则和小敏不同。在小白的同事们看来，小白无疑是个高敏感的人。因为在和同事相处的时候，他表现得总是特别容易被刺激到。比如工作日午饭时间，大家一起点餐时，张罗下单的同事询问每个人的口味，某同事说了一句"我这个人好养活，吃什么都行，不像某些人口味挑剔"，别人都觉得没什么，嘻嘻哈哈地笑，小白却特别敏感，认为同事口中说的"口味挑剔"的人就是他；再比如工作中，有的同事和客户发生矛盾，当客户走了以后，向身边的同事低声吐槽说一句"不可理喻"，小白也会觉得那个同事就是在说自己。同事们发现小白容易被刺激到后，小白在场的时候，就尽量都不说话。这时，小白又会觉得同事们都团结起来针对他，排挤他。

　　如果让小白进行自我描述的话，他也会感觉自己是高敏感类型的人，特别能注意到人际关系中的负性信号。小白不明白事情为什么会变成这样，因为他认为自己是一个很温柔、愿意为别人考虑的人。比如他总是从家里带一些食物或者买一些食物和同事们分享；同事们工作上出现问题的时候，他也愿意去主动帮忙；和同事一起排班的时候，他都会让同事们先选，把最大的方便留给同事。

小白也很苦恼，自己为什么无法拥有良好的人际关系？

那么，为什么都属于高敏感人群，小敏和小白的人际关系质量会如此不同呢？事实上，小敏和小白的高敏感还是有区别的。小敏的高敏感，类似我们之前讲的学二胡的那个人对声音的高敏感。这种高敏感类型的人对声音的敏感度是全面的。他既能听到好听的声音，也能听到难听的声音，只要有声音发出，他全都能捕捉到。

小敏就是这样的。她既能注意到别人情绪的负性变化，也能注意到别人情绪的正性变化。她既能感受到关系中让人痛苦的因素，也能感受到关系中让人快乐的因素。因此，在和人互动时，小敏虽然敏感，但总体情绪相对平衡，周围人对她的感受也是相对平衡的。

但是，小白不一样。他对负性信号特别敏感，却对正性信号不敏感。比如同事们说的话里可能有针对他的地方，他都能捕捉到；但是，对于同事们对他的关怀，比如他们主动替他去开一些他不想开的会，帮他领取物品回来，工作调班时会考虑他的需求，在他情绪激动时不和他计较，小白却无动于衷。他就像一个爱挑刺的乐评人，对那些美妙的声音没感觉，但对不和谐的地方反应极大。小白的同事感受到的就是：小白是个不领情、且不知道什么时候就会跳起来发动攻击的人。因此同事们便对他敬而远之。

如果要把小敏和小白的"高敏感"做一下区分，可以把小敏的高敏感称为"平衡的高敏感"，即对负性信号和正性信号都敏感；可以把小白的高敏感称为"不平衡的高敏感"，即对负性信号高敏感，对正性信号不敏感。类似小敏这样高敏感的人，是有可能获得良好的人际关系的；而类似小白这样高敏感的人，则不容易有良好的人际关系。

那么，是不是只要我们的高敏感属于"平衡的高敏感"，我们就一定会拥有良好的人际关系呢？并不是这样。因为人际关系不仅和一个人的敏感度有关，还和这个人接收到信号后做出的反应有关。即使一个人的高敏感属于平衡的高敏感，也只能说明他能察觉到别人察觉不到的信号，并不意味着他在接收到信号后，做出的反应就是对人际关系有建设性的。

比如小帅同学属于高敏感人群，他能够比他人更加敏锐地接收到人际关系中的细微信号。当他心仪的女孩子对他"暗送秋波"的时候，他捕捉住了这个信号。然而，因为小帅在成长的过程中并没有被教过怎么回应女孩子，怎么和女孩子交往，所以，他虽然内心戏非常丰富，却不知如何表达，如何和女孩子互动。他甚至因为怕表达出错破坏关系一言不发，看起来就是无动于衷的样子。当女孩子直接和他搭讪、邀请他外出的时候，他也只是问一句答一句。小帅这样的表现很可能会让女孩子认为他对自己是不感兴趣的，进而停止继续和他发展关系。

再比如，一对经济情况一般的情侣外出吃饭，看到旁边的人在吃澳洲龙虾，情侣中的一方也很想尝尝，但衡量了目前自己和恋人的经济情况后，还是舍不得买，可是又有点儿控制不住嘴馋，于是自我安慰道："住在海边一定很幸福，能天天吃海鲜。"另一方听到后却勃然大怒，说："你瞧不起我，在指桑骂槐，嫌弃我请不起你吃海鲜！"这对情侣中发怒的一方接收信号的能力挺强的，他敏感且正确地捕捉到"对方想吃海鲜"的心思了。但对方这个心思是中性的，人家并没有对他进行褒贬，他却因为对信号的错误解读产生了负面想法和不良情绪，对恋人进行抨击，做出了破坏感情的举动。

根据美国心理学家阿尔伯特·班杜拉提出的社会学习理论，一个人接收信号后会有什么样的反应，是跟他的经历有关的，也跟他主动学习的能力有关。一个人与人相处并不是在感受到对方的情绪后就能自然而然与人相处好的。他与人的相处方式是这个人在成长过程中，从养育他的人那里、从社会环境中、从自己对世界的探索中综合学来的。这些学来的东西，我们姑且称其为"人际交往技能"。

也就是说，一个高敏感的人，如果从小生活的家庭是温暖的，充满爱意的，还被养育者或环境教导过如何与人互动，那么在成长过程中，他就有可能学会倾听、共情、接纳。在看到别人痛苦的时候，他就有可能根据自己成长的经验和学来的内容，本能地做出抚慰他人的反应。

比如刚刚那位勃然大怒的人，也可以做出以下反应，可以微笑着对他的恋人说："听起来你喜欢吃海鲜，那我们一起努力吧，看看以后能不能也过上天天吃海鲜的日子。"这样的反应就是对恋人情绪的接纳，而不是对恋人的指责。这就是有助于关系良性互动的做法。如果这个高敏感的人自己都没被人好好爱过，没在情绪表达和人际互动方面被教导过，不懂得倾听、共情，那么，他即使不至于总是用"防守－攻击"的模式和人互动，也会像小帅一样，虽然接收到的是正性信号，产生的也是正性情绪，但仍然会因为不知道如何应对，表现得毫无反应。

总之，高敏感对人际关系的影响是两方面的。

高敏感有利于人际关系的情况：这个人敏感性高，对他人的情绪非常敏感，有可能在生活和工作中更容易和他人共情，理解他人的感受，对他人起到抚慰、支持的作用。当这种对他人的抚慰和支持，既是被他人认可的，也是在自己精力范围内可以持续稳定体现的时候，这个人的高敏感就会有助于人际关系。同时，这个人因为敏感性高，对环境的变化也非常敏感，当自己的行为引起他人反感时，他能及时捕捉信号，停止自己破坏关系的行为。这样因高敏感做出的反应也有助于人际关系。

高敏感破坏人际关系的情况：这个人感受到他人情绪变化的时候，虽然敏感度高，但不懂得人际交往的技能，表现得不知所措；或者错误解读他人情绪变化的原因，比如认为对方的负面情绪是自己引起的，或者认为对方是在指责自己，继而出现漠然、逃避或指责对方等举动。以上这些反应，就是不利于人际关系的情况。

综上所述，我们如果想让自己的高敏感有利于人际关系，首先要调整高敏感的平衡性，使自己不再只接收负性信号不接收正性信号；然后要根据自己的敏感程度适当对自己进行呵护；最后还要学习和发展相应的人际交往的技能。

第四节

调整高敏感，建立良好人际关系

通过之前的讨论，我们可以看到，一个高敏感的人不一定会拥有好的人际关系，也并不一定会拥有不好的人际关系。

当这个人属于平衡的高敏感类型，并且拥有好的人际交往技能时，他只要能够认识到自己的特点，接纳自己，学会照顾自己，那么，他不需要特别改变，就可以拥有良好的自我感觉和良好的人际关系。但是，这个人如果属于不平衡的高敏感类型，只对负性信号敏感，那这个人在人际关系中往往会遇到困难，这样的高敏感是需要调节和改变的。

此外，不管是高敏感，低敏感，还是适度敏感的人，当他没发展出相应的人际交往技能时，都不会自然而然就拥有好的人际关系。就像人们不是天生就会说话、会认字一样，人们也不是天生就会和人打交道。关于好的人际关系，敏感度固然是一方面影响因素，但另一方面，发展人际交往技能，也就是学会如何反应，也是重要因素。

表1-1　不同敏感度和人际关系

敏感度			人际交往技能	人际关系的结果
敏感度过低			拥有或缺乏	错过人际信号，人际交往技能无法发挥，人际关系不稳定
适度敏感			拥有	关系良好
			缺乏	关系不好
高敏感	平衡的高敏感	拥有	表现稳定	人际关系良好
			表现不稳定	人际关系波动
		缺乏		人际关系不好
	不平衡的高敏感	拥有		因为只对负性信号高敏感，所以学习到的人际交往技能无法正常发挥，人际关系不好
		缺乏		只对负性信号有反应，同时缺乏人际交往技能，导致人际关系恶劣

我们解读一下这个表。

首先谈谈低敏感度。当敏感度过低的时候，这类人就不可能有反应，因为他连信号都接收不到，所以就不存在反应不反应的问题。大家可以想象一下即使外界充满信号，但你的手机坏了，接收不了信号时的状态——它是不会有反应的。人也是一样，当敏感度过低的时候，不会对外界信号有任何反应，会处在一种

"自说自话"的状态中。他可能只生活在自己的世界里，不会为了人际关系的波动而烦恼。对他来说，人际关系谈不上好或不好，他可能会"傻人有傻福"，也可能会"莫名其妙弄糟了事情"，所以这时候他的人际关系处在一种不稳定的状态。

接着谈谈适度敏感。所谓适度敏感，真实的意思是说这个人的敏感度处在社会大众的平均水平。我们判定一个人敏感度高低的标准是从哪里来的？就是从和大多数人的敏感度比较得来的。如果一个人比大多数人要敏感，那他敏感度就高；如果一个人比大多数人迟钝，那他敏感度就低。所谓的普通人或正常人，就是指社会中最多的那部分人。而在这部分人里面，大家的敏感度都差不多，因此大家能互相理解，都不会觉得对方太敏感冲动，或太麻木不仁。当这个人敏感度属于这个类型，且拥有人际交往技能时，这个人通常就能发展出良好的人际关系；而当这个人缺乏人际交往技能时，往往就无法拥有良好的人际关系。

最后，当敏感度高的时候，情况就有多种了。

一般当敏感度高的时候，人自然而然接收到了信号，就会做出反应。就像普通人，突然被针一扎，都会本能地跳起来。这时候的特殊情况是，这个人虽然敏感度高，但经过特殊训练，或因为有任务在身，刻意克制自己的反应，那他就有可能在被针扎了的时候无动于衷。我们都是普通人，所以此处只讨论一般情况，暂不去考虑经受过特殊训练或特意克制自己反应的这些特殊的情况。

在接收信号比他人灵敏的前提下，如果我们的高敏感是平衡的高敏感，我们既能接收正性信号，又能接收负性信号，同时拥有人际交往技能，采用的是促进人际关系的交流方式，比如说我们能够共情，那么我们通常会拥有好的人际关系。但我们如果缺乏人际交往技能，采用的是破坏人际关系的方式，比如攻击他人，那么得到的就是不好的人际关系。

在这里需要注意的是，即使我们的敏感属于平衡的高敏感类型，我们拥有好的交往技巧，但是我们如果对人际关系投入过度，长期下来，因为精力有限，疲惫不堪，无法保持人际关系的稳定性，也仍然会带来不利的结果。因为当我们在人际关系方面保持不了稳定性的时候，也会让人觉得我们忽冷忽热，难以捉摸，所以这也算不上良好的人际关系。

而当我们的敏感属于不平衡的高敏感类型时，我们只对负性信号敏感，这时候我们即使拥有良好的人际交往技能，也不可能将其作用充分发挥出来。在负性信号的影响下，我们可能会退缩，被负性情绪左右，该说的话说不出来，平时能做到的事也做不到了。我们如果是不平衡的高敏感类型的人，恰巧还缺乏人际交往技能，那势必不可能拥有好的人际关系。

我们这本书是针对不平衡的高敏感，分析其可能产生的原因，帮助大家将这种不平衡的高敏感调整到平衡的程度；通过介绍一部分人际交往的原理和技能，帮助大家建立起真实、长久、温暖的人际关系。

第二章

溯源：适应不能改变的，改变可以改变的

* * *

　　在第一章里，我们探讨了"高敏感"对人际关系的影响，确定了本书的目标是帮助大家调整不平衡的高敏感，分析其可能产生的原因，并且介绍一部分人际交往的原理和技能，建立良好的人际关系。可能有人会疑惑，一个人的敏感是平衡的高敏感，他不也有可能无法保持长期稳定的表现吗，为什么就不需要调整呢？

　　那是因为，天生的平衡的高敏感在我们的有生之年是难以改变的，甚至在一定程度上可以说是无法改变的，所以我们只能适应我们不能改变的，改变我们可以改变的。

第一节

难以改变的：天生高敏感

首先，这世上有没有天生高敏感的人？有没有人从一出生开始就会对光敏感、对声音敏感、对人的情绪反应敏感，对生活各方面的敏感程度都远远高于普通人？

美国心理学家斯泰拉·切斯（Stella Chess）和亚历山大·托马斯（Alexander Thomas）1956年的一项研究可以作为"有些儿童从出生起就比其他儿童敏感"的佐证。研究人员邀请了87个家庭，研究这些家庭中儿童与成人的互动情况，持续了6年。研究者用"气质"这个词来界定儿童个体"行为风格"的差异，最后按照儿童们行为风格的差异划分出了三大气质的儿童集群。

第一类气质集群的儿童被称为"易养型儿童"（easy child），占样本的大约40%。他们能够很快养成规律的进食和睡眠习惯，轻松地适应新的食物和环境。他们的积极情绪更多，并且对外在刺激反应温和或适中，挫折对他们的影响也很小。

第二类气质集群的儿童被称为"难养型儿童"（difficult child），占样本的大约 10%。这些儿童进食和睡眠通常无规律，很难适应新的事物或环境，对新异刺激[1]反应很消极并强烈地抵制，遇到挫折很容易大发脾气。

第三类气质集群的儿童被称为"慢热型儿童"（slow-to-warm-up child），约占样本的 15%。他们不怎么活跃，较少呈现出无规律性，对新的人和环境适应较慢。他们对新异刺激虽然也会被动抵制，但反应较为温和。

还有 35% 的儿童表现出以上三种类型的混合特征。

这些难养型儿童为什么会有那样的表现呢？他们为什么那么爱哭闹，为什么很难适应新的事物或环境，对新异刺激态度消极并强烈地抵制呢？难道是他一生下来就要和父母作对吗？难道是他天生就要故意为难父母，让父母对他产生不好的情绪吗？这基本是不可能的。儿童都是一张白纸，他们本能地讨好父母，以增加自己的生存率还来不及呢，怎么会故意做这些为难父母，增加自己生存难度的事呢？由此，我们可以猜测，这些儿童很可能是因为高敏感才这

1　新出现的和之前不一样的刺激，就是新异刺激。

样，对其他孩子来说可以接受的外界刺激，对他们来说过于强烈。他们暴露在过强的刺激中，因无法抑制自己的痛苦，所以哭闹不休。

那些对于易养型儿童来说新鲜好玩的刺激物，对难养型儿童来说也属于令他感到痛苦的刺激物。他好不容易适应了环境，你又拿来一个新东西，这不是又破坏了他熟悉的环境吗？所以他会不由自主地奋力抵抗。本书一开始提到的韩国女孩夏琳似乎就是难养型儿童。这种天生的高敏感度主要是生理造成的。他们感受器的灵敏度天生超过常人，神经传导速度也天生快于常人，因此这种高敏感是难以改变的。

不过，天生高敏感的人如果能得到养育环境的帮助，以及自己在生活中有意识地对自己进行调节，那么他们对环境的适应性就可以提高。对难养型儿童的研究也发现，父母如果能对这个孩子足够理解，足够有耐心，观察他的需要，创造涵容的环境，这样孩子的难养性就会降低。

天生高敏感的人在良好的教育环境中，有可能发展成平衡的高敏感的人。也就是说，他对正性和负性信号都能敏感地捕捉到。但如果他处在缺乏接纳和涵容的成长环境中，并且因为和周围人不同而被嫌弃、被虐待，天生高敏感的孩子就比天生非高敏感的孩子更容易成长为不平衡的高敏感的孩子。也就是说，他们对负性信号更在意，更容易产生反应。换句话说，不平衡的高敏感通常都是学来的。

第二节

可以改变的：学来的高敏感

"学"是什么意思呢?

学，不仅仅是指一个人从书本上阅读和记忆知识点，更指从经历中学习。也就是说，他也从生活中看到的活生生的例子和自己经历过的事情中学习。比如，书本上写着"电很危险"，这只是一个知识点，人们看到后，未必都会小心在意；但是一个人如果在生活中不慎触过一次电且侥幸生还的话，他就会牢牢地记着被电击的滋味，即使不看书，也知道"电很危险"。或者，他目睹了一个人被电击的惨状，也会让他学到"电很危险"。

某件事是不是危险的，要不要对它提高警惕，对它产生怎样的反应，很多时候，我们都是通过自己的经历学来的。也就是说，我们的经历造就了我们对世界的认知以及反应模式，包括我们判断要不要对某事敏感、我们相应的情绪和行为。

中国有句古话叫作"一朝被蛇咬，十年怕井绳"，说的就是这种后天学来的高敏感性。如果你经历过一件事，或者你反反复复经历着一类事情，这件事或这类事给你带来了极大的痛苦，那么，自然你在生活中就会对预示着这些事的所有信号保持高敏感。

比如小聪就是这样的。小聪的父亲工作特别忙，在家的时间很少，小聪大部分时间都在和母亲相处。小聪的母亲对孩子很关心体贴，期望值也很高。当小聪上小学二三年级的时候，母亲就给他报了奥数班。然而小聪在奥数班表现得和母亲期望的不太一样，并不像以前那样一帆风顺。他母亲对此很不理解，她认为是小聪不用心，因此非常严厉地呵斥了他。几次三番下来，"数学"对小聪来说就成了一个痛苦的名词，他一听到要去上奥数课就会头疼肚子疼。成年后，数学也成为小聪的弱项。他的其他科目都很出色，唯独数学不好，因为他想到这个科目就会心烦意乱，紧张焦虑。数学，成了他不可触及的敏感点。

在这里，我们需要复习一下巴甫洛夫的条件反射实验。在这个实验中，狗本来只对食物流口水，这是正常生理反应，但实验者在每次喂食前，都会让狗听到一阵铃声，那么，狗每次接收到的信号就是"铃声"和"食物"，产生的反应是"流口水"。经过几天这样的喂养模式后，实验者撤去食物，只给狗听铃声，狗依旧会流下口水。奇怪了，铃声又不能吃，狗为什么听到铃声就会流口水？这是因为，在过去的那段时间中，狗已经把"铃声"和"食物"结合在了一起，铃声就意味着可以得到食物。这时候，我们把"铃声"叫作"条件"，把狗对这个铃声产生流口水的反应称为"条件反射"。

在小聪的故事里，数学本来不是他的敏感点，但是，当他每次都把学数学和母亲的严厉呵斥结合在一起时，学数学的时间就相当于被母亲严厉呵斥的时间。久而久之，他就不知不觉学会了为了不受呵斥，最好远离数学。

和小聪类似，如果一个人成长的环境非常动荡，当他的父母脸上笑容消失的时候，就是他遭受狂风暴雨般毒打的时候，那么几次之后，他就会对"他人脸上笑容消失"这个信号特别敏感。这是一种条件反射，把"笑容消失"和"遭受毒打"联系在一起的条件反射。

假使这个孩子幼年成长环境相对温暖，比如当父母脸上笑容消失了之后，当孩子为此担心时，父母能注意到自己情绪对孩子的影响，能来抚慰孩子，告诉孩子不必担心，父母只是想起了自己的心事，那这个孩子就不会认为"他人脸上笑容消失是特别可怕的"。在之后的成长过程中，他看到他人脸上笑容消失也不会太慌张，不会对这个信号特别敏感，反而会比较镇定，有心情和勇气去了解对方到底怎么了，看看是不是需要他的安慰或者支持。

我们在成长过程中，虽然未必经历过非常动荡的成长环境，我们的父母也未必都那么严厉或恶劣，但是，我们依然可能无法避免反复经历一些或许不那么明显，却会影响我们形成有关自己、他人和世界的信念的事件，使我们对某方面信息变得敏感。

比如小芳从小生活在一个几乎人人都能辗转认识的小县城里，她的父母都是老师，一个是当地唯一的小学的老师，一个是当地唯一的中学的老师，而小芳也是在那里的小学和中学读书的。小芳的父母非常敬业，也常常告诫小芳要注意自己的身份，身为教师子弟，不要给教师抹黑。在这样的环境中，小芳从小就对"不要给父母抹黑"这点非常敏感。她时刻注意言行，对于任何自己可能表现得不完美的信号都格外敏感。成年后的小芳经常容易感到沮丧和痛苦，因为完美是那样难以做到，她经常感到被人忽视和挑剔，同时感到无处不在的压力。

这些会让我们学来高敏感的事件还包括：被养育者遗弃或和父母长期分离，长期生活在不稳定或不安全的环境里，情感被忽视，身体被虐待，遭受性虐待以及被照料者背叛，或者得过严重疾病。多次转学、搬家，被老师羞辱，被同学霸凌……也都属于这些情况。如果这些事件发生时我们没能及时得到抚慰，没能妥善解决事情，情绪没有平复，那么我们就会把事件发生时的一些信号铭记在脑子里，在别人觉得没什么的情景下，我们就会感受到被刺激，做出超出常人的、不被他人理解的反应。

比如对小芳而言，一次考试不及格，她就会觉得无地自容，感觉整个世界都崩塌了，甚至到了连续几天都吃不下饭、睡不好觉的地步；可是对于别的孩子来说，即使难过，人家也不至于难过到这样的程度。小芳的反应就是从成长经历中学来的高敏感造成的。

此外，在我们成长过程中，如果我们的父母反反复复告诉我们哪些东西是可怕的、危险的，那么他们的情绪和行为也会影响到我们，我们会不由自主地认同父母的想法、情绪、行为模式，成为和他们反应一样的人。这也是学来的高敏感。

比如小磊的父母从小磊小时候就向他灌输"咱们家人没本事，活着不容易"这样的想法，遇到事情后的处理方式也是能退就退，而不是积极想办法解决，因此，小磊从小就对金钱问题特别敏感。当大家要出去玩的时候，他感到的不是开心，而是非常紧张，担心自己钱不够花，也担心花钱时不够爽快，被大家嘲笑。同时，当觉得需要花钱做什么的时候，他通常的反应是缩减开支，而不是想可以做些什么挣钱。

最后，除了成长过程中的不好经历，其他一些创伤性事件也能造成我们的高敏感。比如经历过火灾的人会比一般人对引起火灾的隐患以及着火的气味更敏感；经历过车祸的人，会对坐车或引发他车祸记忆的各种因素敏感；经历过亲人去世的人，会对引起亲人去世的各种因素敏感。这些也都是人们从经历中学来的高敏感。

假使我们的高敏感是后天学来的，或者说，是父母的养育模式或者生活中大大小小的创伤事件造成的，那我们有可能在相对短的时间内，也就是在几个月或几年内改变自己的高敏感。不过，改变的难易程度和需要的时间因人、因事而异。

如果引起一个人高敏感的是创伤事件，这个事件造成的创伤程度轻，而且只发生过一次，那么，假使这个人以往心理很健康，目前也能得到亲朋好友的关心支持，这时候他通过学习心理学知识，随着时间推移，自己有意识地锻炼，相应的高敏感可能会在几个月里慢慢消失；如果他经受了特别惨烈、伤害性特别大的创伤事件，或者是经历了长期反复发生的、虽然算不上惨烈却每天都要绷紧弦应付的事件，而目前他又缺乏亲朋好友乃至社会有效的支持和帮助，这种情况造就的高敏感就需要这个人进行专门的、更长时间的心理咨询或心理治疗，甚至需要服药。尤其是在生命早期到青春期，在十几年的时间里持续、反复发生的人际方面的创伤造成的高敏感，更需要可能至少几年的专业治疗才能好转。

第三节

可以改变的：反应内容

在之前的章节里我们提到，一个人是否拥有良好的人际关系，敏感度是一个影响因素，在与人互动时如何反应（也就是对人际交往技能的掌握和运用）是另外一个影响因素。如何与人互动显然也是可以通过学习改变的。

不管一个人性格是高敏感、低敏感，还是大众水平的敏感，如果他在和别人互动的时候，只会逃避矛盾或者口出恶言，那么，他显然不会拥有好的人际关系。当这类人需要好的人际关系的时候，他们只需要停止过去这些破坏关系的行为，或者改变这些破坏关系的行为就可以了。就像前文提到的"海鲜事件"中的小情侣，发怒的那方可以把自己的反应从对恋人怒吼改为微笑着对他的恋人说："听起来你喜欢吃海鲜，那我们一起努力吧，看看能不能以后也过上天天吃海鲜的日子。"

你如果之前不知道什么才是对人际关系有建设性的行为，那么从现在开始学也来得及。这方面的内容我们在之后的章节中会有分享。

此外，有关高敏感对人际互动的影响，我的观点是：如果一个人高敏感，并不同时产生不恰当的情绪反应或者行为反应，那么这种高敏感就不会影响他的人际关系，这个人也就不必为自己高敏感烦恼，只有带来了人际困扰的高敏感才需要改变。有些高敏感的朋友，为人际关系苦恼并不是因为他的敏感度高，而是因为他对自己在人际关系中反应的要求不合理。

比如，一个人敏感性高，他既要求自己回应别人对他的所有需求，又要求自己的回应让别人都满意，那么，这些就是对自己的不合理要求。一个高敏感的人，接收到的信号就是比别人多很多，如果要回应所有的信号，他消耗的精力也会比别人多很多。人的精力都是有限的，同样的时间内，别人只需要做一件事，你却做了十件事，那你做完十件事之后就产生了两种结果：一种是虽然你尽力了，但这十件事的完成质量就是没别人仅做一件事的质量高。这时候你可能会自责，觉得自己不如别人，你的情绪通常是糟糕的；另一种结果是，你做十件事的质量和别人做一件事的质量一样好，但是因为你在透支，所以你无法一直保持这样的完成水平。

不管是情绪糟糕，还是精力被透支，这个人感觉都不会好。这时他可能会产生一种想法：认为自己在人际关系方面是不如别人的，认为自己没能力处理好人际关系，开始为人际关系苦恼，觉得这是个大难题。在这种情况下，这个人的主要问题不是高敏感，也不是他不懂得如何处理人际关系，而是他对自己的要求不合理。对自己的不合理要求也属于不恰当反应的一种。

这时候，如果这个人调整自己的思维，能够意识到自己和别人是不一样的；能够意识到自己接收的信号比别人多，自己需要按照自己的特点对自己加以照顾，并不需要回应所有信号；能够意识到自己需要有所取舍，判断对哪些信号给反应，哪些信号不用给反应，那么，他对自己在人际关系中不满意的地方，才有可能予以完善。

一个高敏感的人和一个普通人，在日常生活中，在某些方面比起来，就像一件艺术品和一件日用品，高敏感的人需要被更小心地呵护。在人际关系中，高敏感的人如果能够小心地避开那些不懂得珍惜艺术品的人，不给别人随意"摔打"自己的机会，注意交往那些懂得自己价值的人，那么他在人际关系中就容易有更高的满意度，也更容易让身边的人感到积极的情绪。发展人际关系是为了让我们更好地生活，你如果准备为了人际关系耗尽自己的生命，那就是在舍本逐末。

在咨询过程中，当谈到"改变"的时候，有的来访者会面露难色，问我："江山易改，本性难移，我这个样子都这么多年了，还改得过来吗？"也有的来访者会悲观地不断摇头，说："太难了，太难了。"

对第一种情况，我的回答是："改得过来的，只要你愿意。"我并不是唯心主义地随口一说，而是有实践证据的。在之前的章节中我们提到了罗马尼亚的孤儿们因为长期缺乏人际互动、缺乏温暖真实的人际关系，脑部扫描显示，他们脑部的灰质和白质体积都比常人小得多，部分大脑组织也已萎缩。人体的各种功能，包括思维、情绪、行动、内脏活动都受大脑管理。一个人的脑受了伤，以上各方面就会出问题；一个人的脑没得到发育完全的机会，以上各方面也会出问题。而一个人的脑，如果因为客观环境发展得不均衡，这个人就有可能形成对某些信号高敏感。心理咨询是能够改变脑部功能乃至结构的。有资料表明，心理咨询可以帮助来访者的大脑灰质区原有僵化、缺损的部分慢慢活跃起来。精神活动的物质基础就是大脑，大脑的功能和结构改变了，我们的思维、情绪和行为反应自然也就能随之改变了。

而对于"太难了，太难了"这样的感慨，我也非常同意。

从森林古猿发展到现代人类的漫漫长路是困难的，然而，克服了这些困难的那部分猿变成了人，没克服这些困难的那部分猿作为我们人类的近亲，至今还生活在森林、动物园或实验室里。

"上坡总是困难的，下坡则舒服得多"，但是实际生活中，几乎没有人愿意一生都走下坡路。

所以，虽然难，但只要我们愿意，改变就有可能发生。一开始，我们可能只能改变一点点，也确实不容易。但是，随着这些"点"不断累积，生活会在不知不觉中变成另外的样子，让我们感到温暖、安心。

每个人出生的时候都是一张白纸，因为年纪小的时候，很多事情都不能由自己决定，所以过去那些不好的经历造成了我们面对人际关系时不恰当的敏感度和不恰当的反应，给我们造成了阻碍。但是，如果现在读到这本书的你已经是成年人了，那么，你是否可以为自己想要的生活做出一些改变呢？

我们不要总拿想要到达的终点来衡量自己，要把注意力放在自己每天已经做到的那些哪怕只有一点点的改变上，为自己欢呼和喝彩。即使最后没有变成理想中的样子，但是，我们也绝不再是刚开始的样子。我记得电视剧《大决战》里有这样一个情节：最初不怎么认识字的高玉宝立志要写小说，别人问他："你不认识字怎么写小说？"他说："不认识字，可以学。我现在已经从1个字都不认识到认识200多个字了，总有一天，我能写出自己想写的东西来。"后来，他写出了200多万字的作品。

我认为，有时候我们在困难面前犹豫和害怕，恰恰就是过往创伤造成的结果。我们需要对这些创伤的影响觉察，然后刻意地去进行改变。希望"高玉宝"能成为我们心中不断给自己鼓励的榜样，陪伴我们一起经历这改变之路。

第二部分

*

改变"高敏感"之前
必要的准备

第三章

准备：
改变的开始

高敏感的我们，如果想拥有好的人际关系，可以从调整敏感度和调整反应内容着手。首先要调整的还是我们的敏感度，因为当敏感度过高时，遇到事情，人们往往容易被负性情绪淹没或者被负性情绪左右，在这种状态下，是没办法顾及反应内容的。这就像一个善于领兵的将军，即使善于运筹帷幄，但在被敌人设计激怒后，在负性情绪的驱使下也会丧失理智判断，无法发挥原先拥有的聪明才智。

调整敏感度的第一步，是要做好改变前的准备工作。

第一节

准备工作的必要性

很多人一说到改变就想马上行动起来，对一些必需的准备工作不以为然，觉得是在浪费时间。然而不管是在日常生活中，还是在体育锻炼中，乃至在决定国家大事时，准备工作都是必不可少的。

如果你要做一道美食，各种需要的调料、烹调用具、食材，都需要事先准备好。

如果你要进行体育锻炼，事先热身，放松关节，都要做好。未经准备就直接做动作，会造成运动损伤，严重的时候还会危及生命。

2021 年 4 月，英国出了一件事。在严峻的新型冠状病毒肺炎疫情的威胁下，英国为了有效阻止境外病例输入，效仿中国的机场防疫措施，但几家机场在尝试这样的措施后，却没能取得中国的效果，反而导致机场全面混乱，甚至一度陷入瘫痪。这是怎么造成的呢？

原来，在中国，机场在实施严格的入境核查政策前，早就已经提前做好了相关准备，比如开辟专用区域，对入境旅客进行分流，在机场内部增加大量工作人员等，这些都是看得见的准备；机场内看不见的准备有相关机构提前向旅客公布要走的程序和必须准备好的材料等。这样充足的准备使得中国机场能够有条不紊地作业。

英国的机场则没有做这些准备，既没有增添人手，也没有配备专业的移民管理局核查工作人员。机场的工作人员为了确定一个内容需要现场多次打电话询问相关部门，原先只需花几分钟就能办好的入境，现在需要等待几个小时。《每日邮报》报道，有位女性旅客在等待7个小时后当场晕倒在地。还有的人因为文件报告不全，被拒绝入境，不知如何是好。

因此，想做好一件事，充分做足准备工作是前提，调整敏感度也是这样。尤其我们之前说过，让我们陷入困扰的高敏感通常都是不平衡的高敏感，它是我们从种种伤痛的人生经历中学来的，现在要调整它，就要对我们的伤痛进行修复。修复伤痛，就像做一台手术一样，手术前必须做好各种准备。这些准备包括心理的准备、身体的准备、药品的准备和环境的准备。

只有做好了充足的准备，才能尽最大可能保证手术顺利、安全地进行。如果不事先做好足够的准备，就会出现不好的结果。在脏、乱、差的环境中，患者被匆忙带到手术台上，医生打开了伤口后，却发现没有药品、没有血浆，给患者造成更大的伤害。伤痛往往会使一个人特别着急去解决一件事，这时候，我们需要意识到，这种"着急"本身就是伤痛导致的一个"症状"，它反过来又会影响我们修复。就像一个特别饿的人，见到吃的东西后，会狼吞虎咽，但是，他一下子放到嘴里过多的食物，反而连嚼都嚼不起来了。相反，一个不那么饿的人，才有可能慢慢吃。

我们在着手处理自己遇到的问题的时候，需要先意识到伤痛对我们的不良影响，然后再刻意去矫正这些症状。也就是说，先学会慢下来做好相应的准备。慢下来，这就是最好的开始。不假思索地只想匆忙行动反而会出各种状况，导致实际进度慢。

尤其当你是个高敏感的人时，就意味着你比其他人更容易受伤，这时我们改变和修复更需要慢慢地来，一点儿一点儿来。修复前的准备工作包括心理准备、环境准备和身体准备几个方面，将在后面逐节介绍。

第二节

必要的准备工作：心理准备

"凡事预则立，不预则废"，在举办很多活动之前主办方都会开一个动员会和筹备会，就是为了让参与的人员在心理上对要做的事有准备。对高敏感进行修复也是这样，我们心理上也要做相关的准备。需要做以下准备。

树立放下过去的决心

我看过一个心理短片：一位男士带着他的妻子和孩子开车驶上了高速公路，然后遭遇了惨烈的车祸，妻子和孩子都在车祸中丧生。

这位男士无疑是非常痛苦的。但是更可怕的是，从这天之后，他每天都过着和这一天重复的日子，不断重新带着妻子和孩子开车上路，行驶在同一条高速公路上，惨烈的车祸再次发生，妻子和孩子在车祸中再次死去。他的生命定格在这一天，无法结束，无法摆脱。

之前我们说过，有时候我们的高敏感是跟我们成长经历中的一些挫折相关的。很多人对待这些挫折的态度不是放下，而是不断想："假如我当时没有怎样怎样就好了""我当时为什么要那样"，纠结无法改变的过去，责备自己。这些时候，我们其实就像这个男人一样，是在让自己反复体验那噩梦般的经历。

心理短片里的这位男士之所以无法开下高速公路，不是因为有什么神奇的力量在主宰他的命运，而是因为他无法接受事件的结果，想挽回已经不可挽回的事。他盼望着过去的事情没有发生，似乎这样他就可以不用承受那些痛苦了，然而发生的事已经发生了，我们改变不了。一个人如果无法面对已经发生的惨痛的事情，那么就会像这个男人一样，因为无法承受后果，陷在惨痛的回忆里，让自己遭受若干倍的痛苦。

我们如果真的想让自己的生活发生改变，不想陷在曾经遭受的挫折里走不出来，那么首先要做的就是在心理上告诉自己：我要放下过去。只有做好放下过去的准备，决心重新开始，生活才有可能改变。

但放下过去并不等于要求自己完全忘记过去，刻意不去面对那些事。强迫自己忘记，依旧是无法面对、放不下的象征。那怎么做才叫放下过去呢？

用一个实际生活中的例子来说明。舞蹈演员刘岩，2008 年被选为北京奥运会开幕式唯一的独舞《丝路》中的主演，却在离开幕式还有 12 天的一次彩排中，因技术失误从三米高台上跌落，被诊断为胸椎以下高位截瘫，从此与轮椅为伴。很多人都认为她这辈子完了，什么都干不了了。但是，刘岩却用另一种方式继续坚持自己深爱的舞蹈：她研究舞蹈手部动作，成了北京舞蹈学院的教师。她放下了过去，放下了愤恨、懊悔，接受现实，重新规划人生。像刘岩一样做好重生的心理准备，不管过去发生过什么，都不再为它懊悔，也不刻意回避它。接受现状，规划未来，这是我们能促使生活改变的前提。

做好承受适度疼痛的准备

改变是需要行动的。没有行动只有想法，改变就无法发生。以减肥为例，我们即使知道所有理论，知道要少吃多动，但如果就是不去行动，那体重是不会无缘无故下降的。然而少吃和多动，有时候对很多人来说是一种痛苦，所以你到底愿不愿意为了你的目标承受适度的痛苦呢？

这里为什么说是适度的痛苦？因为疼痛是一个信号。过度的疼痛，是在提示你有新的危害正在发生。还是以减肥为例，过度锻炼或过度节食，也会造成新的、可能更大的伤害。所以，做好承受适度痛苦的准备就可以了。

　　放在人际关系的建设中，什么算是承受适度的疼痛呢？比如原来你每天早上上班的时候遇到同事会感到尴尬，不知所措，只想着如何躲开；现在的练习可能会要求你上班遇到同事时主动打招呼。在这个改变行为的过程中，你可能会产生很大的焦虑。此时此刻，带着焦虑去做这件事，对这种焦虑的承受，就是上文说的那种需要承受的适度疼痛。

第三节

必要的准备工作：环境准备

当有了以上的心理准备后，我们在改变前还需要做一些与环境相关的准备。心理的修复就像身体的修复一样，需要一个相对稳定的环境。想象一下如果我们身体出现过敏反应的时候，医生通常会建议我们怎么做？医生会建议我们规律作息、清淡饮食、保持心情愉快，照顾好自己。要改变心理的高敏感，我们同样需要参考身体高敏感时呵护自己的做法。

我们首先要为自己创造一个相对稳定的环境，以便我们的修复工作安全、顺利地进行。这就像武侠小说里常描写的情节，一个侠客受伤之后，首先要做的是脱离危险之地，到一个敌人找不到自己的地方求医问药，或者开始运用内功修复。对敏感度的修复也是对伤痛的修复，我们需要找到一个安全、稳定的环境，可以把它叫作"避难所"。

客观物质环境的"避难所"

这个"避难所"体现在客观物质环境上，需要大家有固定安全的住所，能保证温饱的物质来源和规律的生活秩序，比如每天几点起床、几点睡觉、几点吃饭。当这些基本的生存需求得到满足后，你才可以开始后续工作。如果这些基本的生存需求都还没有满足，你就去触及那些高敏感的地方，那么后续工作有可能给你带来更深的伤害。

如果你目前还不具备这样的客观物质环境，那么，你需要先努力呵护自己，争取家人或朋友的支持帮助，尝试创造这样一个稳定的客观物质环境。这个环境的标准当然不是豪华级别的，就像我们前面说过的，那些要养伤的侠客需要的不是锦衣玉食，一个有生存必需的食物和水的山洞就可以了。

在这个阶段，如果你事务繁多实在静不下心来，建议你尝试使用"生活日历表"来帮助自己。你可以在纸质台历上面标明一周内要做的事，然后再拿一个能随身携带的小本子，在上面按每30分钟或每1个小时的间隔，写下自己要做的事。这个随身的本子上列的事可以根据实际情况随时增添或删减。你可以在相应的时间段里，把注意力放在当下要解决的事情上，有选择地刻意去忽略周围环境那些会触发你高敏感的信号。

使用这个办法需要注意的是，你要留给自己足够的喘息空间。比如，如果你目前的精力只允许你每天读 5 页书，那么，你就只读 5 页书，而不是要求自己必须读 50 页。这就像如果你是个对花粉过敏的人，你就需要减少出门的次数，或者穿上足够隔离花粉的衣物再出门，而不是非要和那些不过敏的人一样，频繁出门，还不穿戴任何防护用品。

心理环境中的"避难所"

当物理环境的"避难所"建立好之后，我们还需要学习建立一个心理"避难所"。建立心理"避难所"也是为了让我们在修复高敏感的过程中保护好自己。因为修复伤痛，会难以避免地引起我们痛苦的情绪体验，引起情绪的较大起伏。当情绪起伏过大，或者回忆起一些觉得无法承受的往事时，我们就需要一个可以让我们暂时脱离刺激、恢复平静的心理场所。

在心理咨询的工作中，我们通常把这个地方命名为"安全 / 平静之所[1]"。"安全 / 平静之所"这个引导词目前在网络很多平台都

1　安全 / 平静之所（Safe /Calm Place），1991 年由美国执业医师尼尔·丹尼尔斯（Neal Daniels）博士首次用于处理参加过战争的老兵矛盾、焦虑的情绪反应。目前已成为心理咨询实践中评估及稳定个体情绪的常用方法。

能搜索到，在这里为了大家阅读或练习方便，我们将它的引导词附在下面供大家参考。

1. "安全 / 平静之所"引导词

现在，请你在内心世界里找一找，有没有一个安全 / 平静的地方。在这里，你能够感受到绝对的安全 / 平静和舒适。它应该在你的想象世界里——也许它就在你的附近，也许它离你很远，无论它在这个宇宙的什么地方。

这个地方只有你一个人能够造访，你也可以随时离开。如果愿意的话，你也可以带上一些你需要的东西陪伴你，比如治愈的、可爱的、可以为你提供帮助的那些东西。

你可以给这个地方设置一个界限，要单独决定哪些有用的东西允许被带进来。但注意你要带的是一些东西，而不是某些人，真实的人不能被带到这里来。

别着急，慢慢考虑，找一找这么一个神奇、安全、令人惬意的地方。或许你看见了某个画面，或许你感觉到了什么，或许你只是在想着这么一个地方。

让它出现，无论出现的是什么，就是它啦。

你如果在寻找安全 / 平静之所的过程中，看到了不舒服的画面或者有了不好的感受，别太在意这些，而要告诉自己，现在你只是想发现好的内在画面——处理不舒服的感受可以等到下次再说。

现在，你只是想找一个只有美好、使你感到舒服的、有利于你康复的地方。

你可以肯定，一定有一个这样的地方，你只需要花一点时间，有一点耐心。

有时候，要找一个这样安全／平静的地方有些困难，因为还缺少一些有用的东西。那么，你可以动用一切你能想到的工具，比如交通工具、日用工具、各种材料，当然还可以使用"魔法"，总之一切有用的东西你都可以动用。

当你到达了自己内心的安全／平静之所时，请你环顾左右，看看是否真的感到非常舒服、非常安全，确认这里是不是确实是一个可以让自己完全放松的地方。请你用自己的聪明才智检查一下。

有一点非常重要，那就是你应该感到完全放松、绝对安全和非常惬意。请把你的安全／平静之所规划成那个样子。

请你仔细环顾你的安全／平静之所，仔细看看这里的一切，包括所有的细节。你看到了什么？你见到的东西让你感到舒服吗？如果舒服，就保持原样；如果不舒服，就调整一下或让它消失，直到你真的觉得很舒服为止。

你能听见什么吗？你感到舒服吗？如果舒服，就保持原样；如果不舒服，就调整一下，直到你的耳朵真的觉得很舒服为止。

那里的气温是不是很适宜？如果适宜，那就这样；如果不适宜，就调整一下，直到你真的觉得很舒服为止。

你能不能闻到什么气味？舒服吗？如果舒服，就保持原样；如果不舒服，就调整一下，直到你真的觉得很舒服为止。

你如果在这个属于你的地方还是不能感到非常安全和十分惬意，想想还应该做哪些调整。请仔细观察，这里还需要些什么，能使你感到更加安全和舒适。

把你的安全/平静之所准备好了以后，请你仔细体会，你的身体在这样一个安全的地方，都有哪些感受。

你看见了什么？

你听见了什么？

你闻到了什么？

你的皮肤感觉到了什么？

你的肌肉有什么感觉？

呼吸怎么样？

腹部感觉怎么样？

请你尽量仔细地体会，这样你就知道，在这个地方你的感受是什么样的了。

如果你在这个地方感觉到了绝对的安全/平静，就请你用自己的身体设计一个特殊的姿势或动作，当摆出这个姿势或者做这个动作时，你可以随时回到这个安全/平静之所来。

以后，只要你一摆出这个姿势或者一做这个动作，它就能帮你在想象中迅速地回到这个地方来，并且使你感觉到舒适。比如你可以握拳，或者把手摊开，以后当你一做这个动作时，你就能快速达到你的内在安全／平静之所。

请你带着这个姿势或动作，全身心地体会一下，在这个安全／平静之所的感受有多么美好……

请你收回你的这个姿势或动作，平静一下，慢慢地睁开眼睛，回到自己所在的房间，回到现实世界中。

当很认真、明确地完成了自己内在安全／平静之所的构建后，你就可以在周围的环境让你感到不安、愤怒、焦躁、伤心、难以承受、想要获得一些平静的时候，进入自己内心的"避难所"，减少被刺激，呵护自己的高敏感，从而更好地应对当下的处境。

内在的安全／平静之所技术是一种用想象的方法改善自己情绪的心理学技术。在建立安全／平静之所的过程中，可能有的小伙伴会有一些困惑或遇到一些困难。接下来我将针对我在工作中遇到的常见的问题，介绍一些这方面的注意事项。

2. 创建"安全／平静之所"时的注意事项

（1）寻找安全／平静之所时，就是找不到怎么办？

不容易找到安全／平静之所的朋友可以从以下几方面做尝试。在真实的世界里，如果你曾经到过什么地方让你感到被庇护或感到心灵宁静，那么，你可以把这个地方作为参考的地点加以运用。比如，我大学的时候曾经登过泰山，在登山前，我为生活中的一些烦扰所困，但登上泰山之顶俯瞰的时候，我忽然感到和浩瀚的大自然相比起来，我那些生活中的烦忧不值一提。这个瞬间，我有了那种天地无限广阔，全身轻松无比的感觉。类似这样的让你感到心灵平静和舒适的经历，就可以拿来参考。

如果在真实的世界里，你找不到什么具体的地点，但是曾经进入一种平静／安全的心理状态，那么，当时的经历也可以被拿来运用。比如我的一位朋友，虽然小时候常常被父母严厉地批评，但是，在她读书的时候，父母会立刻收起那种严厉的态度静静地走开，甚至还不让别人来打扰她。在她之后的生活经历中，从书本上获取的知识不止一次地帮助了她，所以，书本就成了她的安全／平静之所。当她想象着自己在读一本自己喜欢的书的时候，她的心情就会放松，情绪就会平复下来。

（2）那些包含着困扰的经历或场所能不能用？

这个安全／平静之所是一个完全安全／平静的地方，所以，只有完全积极的经历才可以被运用。如果相关经历中有让人烦恼的地方，那么这个经历就不合适，我们要另外寻找。比如，如果我在泰山之旅中和同伴大吵了一架，我回想起它，既有轻松感，又有懊恼感，那么，这段泰山之旅的经历就不适合作为我的安全／平静之所。

（3）可不可以带我喜欢的人进来？

这个安全／平静之所是完全属于你自己的，如果你感到有点孤独，那么可以带一些让你感到安心的物品进入，比如你喜欢读的书本，比如一块非常舒服的毛毯，就像有的小朋友无论去哪里都抱着一个固定的毛绒玩具一样。但是，你不能往这个地方带进来任何真实的人，即使是你的至爱亲朋。因为即使至爱亲朋也很可能和你有发生矛盾、意见不一的时候，这样的时刻显然就是不安全、不平静的。

此外，这个练习也是一个测试一个人能否和他人保持边界的练习。如果你无论做过多少努力，经过多长时间，都无法建立这样一个场所，那么，目前这个练习不适合你，建议你寻求专门的心理治疗帮助。这就像一个婴儿必须被喂养，只有到了一定年龄后，他才有能力自己寻找食物和吃东西。如果无论怎样，你都无法建立起这样的安全 / 平静之所，就说明你目前的心理状态还需要更多的呵护和照顾。

3. 克服在做类似想象性练习时可能会有的心理阻碍

"安全 / 平静之所"这样的练习是一种想象性练习，目的是帮助我们在内心世界和想象空间里，建立一个属于自己的、和外部环境有边界的安全 / 平静的地方，帮助我们获得暂时的身心放松。

但在做这个练习的时候，有些小伙伴可能会有这样的想法，比如"想象的东西有什么用，现实不还是那样吗？"如果您也有这样的想法，那么，请您回想一下"望梅止渴"这个故事。

在"望梅止渴"这个故事中，士兵们并没有真的吃到梅子，但仅仅凭借想象，他们实际感到的干渴就得到了缓解，所以，"想象性练习"也是这样，它是有力量的，能在实际生活中帮助到人们。

好的想象会在生理上给人带来正性反应，对机体有呵护和抚慰的作用；坏的想象会在生理上给人带来负性反应，甚至可能促使人做出伤人伤己的极端举动。前不久，我看到网友发布的自己的真实故事。一位女士和丈夫打电话没打通，因此各种脑补（想象）丈夫出轨的场面，这导致她越来越不安。最后她拿着美工刀，打了四小时出租车，花费上千元，到达丈夫的工作驻地，无比灵敏地分析出丈夫可能的住处乃至具体的房间，找到了丈夫 —— 他仅仅因为醉酒而独自昏睡着。

从这个真实故事中我们可以看出，想象能激发出人们巨大的、平时没有的力量。那么，我们既然可以想象出那么多的"惧怕、愤怒、委屈"，在这些想象的作用下做一些不好的事，那我们也可以想象"安全、平静、愉快"，让想象抚慰我们，为我们发挥正面的作用。

从这个意义上来说，"安全/平静之所"这个练习不仅仅是一项准备工作，还是一项心理修复工作。1952 年 12 月 5 日至 9 日，伦敦因为环境污染，空气质量严重下降，整个城市受到烟雾影响，人们大白天都看不清路，路灯的光亮也被烟雾遮掩，不得不出门的人们只能在烟雾中摸索前进。直到 12 月 10 日，强风才吹散了这些烟雾。由于当时伦敦空气中的污染物浓度过高，很多人出现了胸闷、窒息等症状，甚至有人因此死亡。在烟雾持续的 5 天时间里，据英国官方的统计，丧生者达 5000 多人，烟雾过去之后的 2 个月内有 8000 多人相继死亡。这次事件被称为"伦敦烟雾事件"，成为 20 世纪十大环境公害事件之一。

如果我们当时身处伦敦，最好的帮助自己的方法就是搬离伦敦。事实上，以前欧洲的很多医生给患有肺病的人的建议也是："最好到空气清新的地方去休养一段时间。"在《茜茜公主》《大侦探波罗》等很多影视作品中我们都可以看到这样的内容。

那么，当我们的心理环境布满犹如伦敦的这样的浓度过高的烟雾时应该怎么办呢？我们可以进行心理上的调整，做"安全/平静之所"这样的想象性练习，像小说里的修仙者那样瞬间移动到空气清新的地方。

"结庐在人境，而无车马喧。问君何能尔，心远地自偏。"学会进行想象性练习，就是进行康复工作的第一步，请大家加油吧。

第四节

必要的准备工作：身体准备

在做好心理准备和环境准备后，我们还要做一些身体上的准备。

美国心理学家彼得·莱文在他的代表作《唤醒老虎：启动自我疗愈本能》这本书中提出，很多心理问题和我们过于关注精神层面却忽视了身体层面有关。他指出，人们正是因为和自己的身体脱钩了，所以无处释放焦虑、紧张、恐惧等情绪，造成了更大的问题。那目前高敏感的你，是不是也存在这种精神和身体脱钩的情况呢？

如果在和人交往的时候，你常常出现明明别人在说话你却突然意识到他对你说的大部分内容你都没听清这样的情况；或者你突然走到一个地方却不清楚自己是怎么走过来的；或者你觉得自己像"灵魂出窍"了，自己站在自己身边看着自己做事，就像看着另外一个人那样；或者出现其他各种精神恍惚的状况，那么就说明你的精神和身体的联系不那么紧密了。一些科研人员或专业人员在专心思考问题时，也会出现身体和精神脱钩的情况；但是在日常生活中，这种情况如果出现太频繁，就会对生活造成困扰。这时候，你可以做一些练习，帮助自己回到当下。

我们通常把这些能帮助我们回到当下的练习叫作"着陆练习"。"着陆"的含义就是将"灵魂"请回身体、拉回到地面上。最简单、最容易操作的着陆练习就是你在发现自己又开始恍惚的时候，尝试集中注意力来寻找你身边某种特定的物品，比如寻找你身边绿色的物品，列出至少 5 种。你也可以举一反三地扩展这个练习，比如再继续寻找红色的物品，列出 5 种来，接着找其他颜色的物品。直到你感觉自己已经 100% 回到现实世界为止。

这个练习虽然非常简单，但是，它能将你带回现实世界，让你和现实发生联系，让你不再不知不觉地沉浸在自己的思绪中。上面这个练习我们可以把它叫作"寻找色彩"练习。除了这个练习，我们还可以每天花大约 10 分钟做以下这个"欢迎我的身体"练习。

"欢迎我的身体"练习可以从头顶开始，也可以从手掌开始。你可以用手轻轻拍打或按摩你的身体，边接触边注意这个部位的感受。不管这个感受是空白、麻木、痛苦或者是舒爽，都去体会它。请你一边轻轻地拍打或按摩，一边对自己说："这是我的身体，这是我的头，这是我的手，欢迎你回来。"你碰触的是哪个部位就说出哪个部位的名称。

一定要将所有的部位逐一碰触到，你的额头、你的脖子、你的胸腔、你的脊背、你的手、你的手臂、你的腋下、你的骨盆、你的臀部、你的大腿、你的脚踝、你的脚……你拍打到哪儿，就把自己的意识调整到哪个部位，将整个身体轻快地拍打或者按摩一遍。请注意，因为腹部是多个重要脏器存在的地方，而且没有强健的骨骼和肌肉保护，所以，当你碰触这个部位的时候，请格外温柔小心，注意你的力度，避免对它造成伤害。这个简单的身体练习会帮助你的意识渐渐回归身体。这是开始关怀自己、修复高敏感的重要步骤。

除了以上这两个让人身心合一的练习，我们还可以做一个重要练习，那就是放松练习。当人们情绪紧张的时候，身体会不由自主地紧绷。你可以回忆一下最近一次看电影时为主人公担心时的身体反应。你是不是忍不住肌肉绷紧、心跳加快、呼吸加速，甚至有些坐不住？这时候，当你想要调节自己的紧张情绪的时候，你会不由自主地做些什么？

我一般会深呼吸，同时一边舒展身体一边对自己说"放松，放松，都是假的"；或者对自己说"放松，放松，主角一定能活下来的"。主动放松肌肉能减轻焦虑，对于容易焦虑不安和紧张的人来说，学会放松练习非常有好处。研究表明，紧张和放松是两种对立的状态，人不可能同时既紧张又放松。人紧张的时候，通常交感神经系统兴奋，也就是身体处于准备打架时的状态，这时人的表现为呼吸变浅、心率加快和肌肉紧张。相反，人放松的时候，以副交感神经系统兴奋为主，也就是身体处于悠闲地散步、慢悠悠吃饭时的状态，这时人的呼吸较慢、心率平稳、肌肉放松。

基本的放松练习包括呼吸放松法、肌肉放松法和正念练习，其中最基本的方法是呼吸放松法。在进行呼吸放松的时候，横膈膜运动，血液中氧气和二氧化碳充分交换，副交感神经系统会被激活，从而带动人的身体放松。

呼吸放松法也有很多方式，下面介绍一个最简单的练习方式。选一个你喜欢的姿势（站、坐或躺），尽可能保持脊柱挺直。

首先，感受自己的身体，寻找那些紧张的部位。

其次，把一只手放在胸部，另一只手放在腹部；鼻子缓缓、深深地吸气，尽量保持胸部不动，让气体进入腹部，让你的腹部鼓起来（可以想象腹部有一个气球，往里面充气），吸足气后，屏住呼吸，至少5秒钟。

然后，缓慢、均匀地用口呼气，呼气的时间比吸气的时间长一些，慢慢地把吸进去的气吐干净，让你的肚皮无限与脊柱靠近。

最后，再次吸气。

重复第三步和第四步的过程至少 5 次。

当练习熟练呼吸放松法后，你就可以随时在需要的时候使用它。这个方法的优点是容易学、方便练，不需要任何工具，随时可以进行。由于肌肉放松法和正念练习的内容较复杂，我不在此处进行具体介绍，大家可以根据自己的需要和喜好去搜索相关资料，进行相应练习。

需要注意的是，平时就常担心自己会失控或者特别容易对他人猜疑，甚至有时候会出现幻觉的人群，在进行放松训练时要特别谨慎，建议咨询精神科医生后再练习。

随着生活节奏的加快，我们每一个人似乎都无法停下自己的脚步，如惊弓之鸟、受伤小兽般惶惶不可终日，每天都紧绷着神经生活。本章的内容是让我们学习放慢节奏，也是为接下来碰触我们的敏感做准备。这就像探险和安全基地的关系，当建立好安全基地时，一个人才能放心地去探险。即使在探险中受伤，他也可以挣扎着回到这个地方来养伤。有这样的基地，他才不至于心中无着落，茫然不知所向，惶恐不知所措。

在调整我们学习来的"高敏感"时，我们难免碰触到我们的痛苦经历。因此，我们先要学习一些能够应对痛苦的技术。当感到痛苦的时候，我们要能及时从痛苦中抽身，让自己暂时恢复平静。我们如果根本没有发展出任何应对痛苦的技巧，就有可能要么因为太痛苦了不愿继续面对问题；要么会被痛苦淹没崩溃，或者做出什么过激的伤人伤己的行为。

只有先学会保全自己，我们才有可能一次又一次去处理那些痛苦，直到最后把它们全部修复完毕。当做好了这些修复前相关的准备工作后，我们就可以开始修复工作的下一步，去探索、确定引发自己高敏感的人或事了。

第四章

觉察:
寻找你的过敏原

　　对于高敏感的人群来说，每一次情绪被激发后的心境就像一个火灾现场。看着这个火灾现场，你的心情可能既疲惫又痛苦。虽然事情已经发生确实无法再改变，但是，我们有没有可能从这次火灾中吸取教训，了解起火的原因，使得下次火灾至少不再出于同样的原因发生；或者我们是否可以总结经验，在下次火灾发生的时候，控制火势，及时灭火，以减小损失？

　　火灾过后，人们要对火灾事故现场进行勘察，其中一部分原因就是为了达到以上目标。对于高敏感也是一样，我们可以从日常生活中让自己不愉快的经历中寻找那些能触发自己产生高敏感反应的人、事或环境等因素，从而帮助自己觉察、管理自己的高敏感，使它不那么容易被触发。

第一节

寻找过敏原的重要性

相对引发火灾的火源，本书姑且把触发一个人高敏感反应的因素称为"过敏原"。

不知道大家是否听说过过敏原测试？除了我们之前说过的花粉过敏，在生活中，有些人在一定的季节，或到了一定的环境中，还会出现各种其他过敏反应。但是很多时候人们不知道自己因为什么过敏，他们可能只会注意到皮肤起疙瘩了，或者不停地打喷嚏咳嗽、全身发痒等等。当这些反应过于强烈时，人们只吃一些抗过敏药，或者接受缓解症状的治疗是不够的。只有当过敏原被找到之后，人们才可以做针对性的预防和治疗。

比如，假如我知道，我对海鲜过敏，一吃海鲜皮肤就会瘙痒，我就可以通过不吃海鲜来避免自己的过敏反应；如果我知道我对花粉过敏，那我就不摆鲜花，或者当我要出门的时候，我就做好防护，戴好口罩；有的人过敏反应特别强烈，吃花生就会引起喉头水肿甚至窒息，那么他就会特别小心，不但平时注意不吃花生，而且吃任何食物之前都要看一看包装上的标识，以确保这种食物不含有花生的碎屑。这些有针对性的防护措施，显然是能帮我们避免产生过敏反应的。

在临床医学上目前已经有多种寻找身体过敏原的方法。在心理学上，对于人际关系的高敏感，我们如果想加以改变，也可以运用这样的思路。如果能查找出诱发我们心理高敏感的过敏原，我们就有可能像对身体过敏原那样，对它有针对性地采取一些措施。

寻找诱发心理高敏感的过敏原指的是：觉察自己在哪些情况下容易产生破坏人际关系的、消极的或有害的想法，出现负面情绪、不良身体反应乃至不良行为。这些诱发我们做出伤害自己或伤害人际关系的举动的人、事、环境等因素，就是诱发心理高敏感的过敏原。

举个例子帮助大家理解。

比如 A 女士因丈夫出轨离婚了，现在她开始和新的男友 B 先生交往。有一天，当 A 女士和 B 先生一起吃饭聊天的时候，B 先生的手机响了，B 先生把手机拿起来看了一眼，没有接，继续和

A 女士谈论刚才的话题，但是 A 女士却开始感到不安，心慌意乱，没有办法集中注意力在当下的谈话中。

是不是我们每一个人在和朋友吃饭聊天的时候，朋友手机来了一个电话，他没有接，只是看了一眼后继续和我们聊天，我们都会像 A 女士一样开始心慌意乱？显然并不是。

有些人可能会觉得 B 先生这样做挺好的，说明他很重视和 A 女士的谈话；另外一些人，如果和 B 先生关系好，可能还会问一句："哎，谁来的电话啊，你要不要先接一下？" B 先生听到电话响却没接，对于很多人来说，只是一件很普通的事，并不会引起他们的不良情绪和反应。但是，在 A 女士这里，却引起了她的不适反应。

这个刺激不到别人的点却刺激到了 A 女士，那么可以说，A 女士对这个点的反应就是高敏感的，这个点是 A 女士的过敏原。A 女士如果能够觉察出自己的过敏原，就可以对这个过敏原采取一些措施，建立好的人际关系。她可以去分析，为什么 B 先生这个不会引起别人不良反应的行为会让她这么不舒服？也许她会想起，在她的上一段婚姻中，在她前夫出轨之前，有电话进来的时候，她前夫都会当着她的面接起来，大方交谈；但在出轨之后，他就会出现这种电话响了拿起来看一下，不接又放下电话的行为。

那么对于 A 女士来说，这个不当着她的面接电话的行为，就意味着欺骗或隐瞒，意味着她在被伤害，意味着有可能产生剧烈伤痛。所以，这样的行为成了她的过敏原。当 A 女士对自己的过敏原和过敏反应有了觉察，并且明白它从何而来的时候，她就理解了自己的不安，她就有可能去考虑：B 先生和她前夫同样行为的背后是不是有同样的含义？

她也可以考虑如何处理自己的过敏原，比如：她可以通过回忆自己和 B 先生结识以来 B 先生的一贯表现来判断 B 先生是不是和她前夫一样的人，从而决定这段关系的走向；她也可以根据自己和 B 先生交往的程度，判断是不是应该对他讲出自己的不安，顺便讨论一下这方面的事；她还可以就此考虑，如果 B 先生目前是值得信任的，是否日后会一直值得信任，或者，即使有一天，B 先生改变了，她是否能应对由此带来的生活变化。

当觉察到自己因为什么过敏时，A 女士就可以根据自己的实际情况采取应对措施，而不是沉浸在自己的不良情绪中为这段关系患得患失，并且因为自己的焦虑不安影响这段关系的走向。当能觉察到自己对什么敏感的时候，我们就有可能管理自己在人际关系中的反应；当觉察不到自己对什么敏感的时候，我们就往往会在不知不觉中做出一些破坏人际关系的事。

比如 C 女士遇到的事。

C 女士曾在跟家人交流如何激发孩子的学习动机时，说起自己的童年。她说："因为小时候家里很穷，我的很多愿望得不到满足，于是我就在想，我必须好好学习，然后通过学习改变自己的命运……"正说到这里的时候，她的母亲忽然从她背后非常愤怒地冲过来吼道："我养你这么大，从来没有亏待你！"

母亲的这种愤怒，在C女士看起来，就是无法理解的。因为她根本不觉得自己说的话题和母亲有什么关系。在人际关系中，如果一个人经常像C女士的母亲这样，在别人看来，毫无缘由地突然发一顿脾气，那么，周围的人就会对他敬而远之。

但是C女士的母亲肯定不会觉得自己的愤怒是毫无缘由的，她也意识不到，并不是每个人在听到C女士的上述表达时都会愤怒。C女士的母亲之所以这么愤怒，可能是因为她特别想当一个好母亲。这种在意会让她像雷达一样搜集相关的信息，把对方认为和她无关的话题归结为别人对她的不满或攻击。这会产生一种"说者无意，听者有心"的状况，让对方觉得动辄得咎，无法和她友好相处。

一些做客户服务的朋友可能也会有相应的感受。在你接待不同客户的时候，虽然你用的是同样的话语、同样的态度、同样的方式阐述同样的问题，但可能就是会有一些客户特别容易生气，觉得被欺负了、被小看了等等。这些客户相对于大多数其他客户来说，就是高敏感的。往往这些客户接下来的行为就是和客服人员争吵以及投诉。他们这时的行为也是破坏人际关系的行为。他们这样做其实推开了想为他们提供服务的人，虽然他们自己的感觉可能是别人不愿意为他们服务。不管是 C 女士的母亲，还是这些特别容易被冒犯的客户，他们如果能对自己的高敏感有所觉察，找到导致他们过激反应的过敏原，就有可能改善他们的人际关系。

第二节

如何寻找自己的过敏原

　　当知道了"寻找过敏原"的重要性后，我们如何寻找自己的过敏原呢？

　　高敏感之所以被称作高敏感，是因为大多数人面对某些人、事或环境的时候，能保持平静；而高敏感的人却会产生激烈的情绪、身体反应甚至行为反应。那么，我们就可以以自己的情绪或身体反应为线索，去寻找那些过敏原。

　　在寻找过敏原的过程中，我们会因为回忆不愉快事件再次产生不良情绪和身体反应，在本小节后面我们会介绍应对这些反应的小练习。你可以根据自己的情况，选择在寻找过敏原之前先做这些练习，或者寻找完过敏原之后再做。

寻找过敏原

可以按照以下步骤寻找过敏原。

1.回忆最近两周你经历的事情，有哪一件事是身边大部分人都没反应，但却让你产生强烈不良情绪的。你先确定这件你当时反应过度、现在想起来情绪还是没有好转的事，然后把它在笔记本上记录下来。你只用一个简单的句子描述这件事就好，也许只用几个字就够了，只要以后翻看的时候，能想起是什么事就行了。

2.回想这件事的时候，最让你感到烦恼不安的是哪个部分呢？比如上一节我们举的 A 女士和 B 先生的例子里，对 A 女士来说，B 先生没有接电话这个举动就是这件事中最糟糕的部分。那么你经历的事呢，最糟糕的部分是什么？

3.关于这个最糟糕的部分，有没有哪个画面能作为它的代表？是对方露出的表情，还是他说过的什么话或者是他的什么行为？比如：A 女士认为"当时 B 先生看那个电话时的表情"这个画面可以代表那件事对她而言最糟糕的部分。对你来说，有没有一个类似"截屏"的画面能代表这件事最糟糕的部分？如果你经过努力，还是无法找到这个画面，那么你可以停留在上一步，也就是第二个步骤——你觉得这件事最糟糕的部分上。

4.当你在脑子里不停地回想代表最糟糕部分的画面或最糟糕的那部分的时候，你会出现什么样的情绪？你身体的什么部位能感受到这种情绪?

5. 拿笔记下来你的情绪和你的身体反应。根据这些情绪和身体反应，你可以回想一下，生活中还有什么时候你会有这样的情绪和身体反应，记录这些时刻。

6. 寻找以上那些时刻的共通之处，你可以按照以下主题在你的笔记上进行记录（以下过敏反应指的是心理上的过敏反应）：

（1）看到后就会引起你过敏反应的东西；

（2）听到别人提起或听到其声音后就会引起你过敏反应的物体；

（3）闻到其气味后就会引起你过敏反应的物体；

（4）接触后就会引起你过敏反应的物体；

（5）吃到嘴里后会引起你过敏反应的食物；

（6）某些能够引起你过敏反应的环境和场所。

7. 寻找某些能引起你过敏反应的人。如果引起你过敏反应的是人，你可以尝试确定是这个人的什么特殊行为、神态体貌、衣着特征，还是他什么样的态度引起了你的过敏反应。

8. 寻找引起你过敏反应的自然事件：比如天气、季节等。

这些引发你情绪和身体反应的事件、人、物和环境因素就是你的过敏原。

应对不良反应的小技术

在我们寻找过敏原，以及回忆那些让我们不舒服的人、物或环境时，我们的情绪或身体就会有不舒服的反应。有时候，我们可能还会想起，很久之前发生的和当下这些过敏原有联系的不愉快的往事。这些不愉快的往事可能还会激发我们更强烈的负面情绪和身体反应。这时候，我们就需要做一些练习，帮我们平复这些不舒服的情绪，或者帮我们暂时和这些不愉快的回忆隔离开，以保证我们当下的正常生活。

可以帮助情绪平复的练习包括我们之前介绍的放松训练，如呼吸放松法、正念放松法和"安全／平静之所"练习（见第三章），大家在需要的时候随时进行练习和运用就可以。

除了前面介绍过的方法，我们还可以运用"保险箱技术"。这个技术也是一种想象性技术，简单易行，不需要特别的用具。保险箱技术可以被我们用来有意识地对那些引起我们不舒服的心理因素进行隔离，帮助我们在短时间内脱离过敏原，恢复正常的心理功能。

我曾经和本书序言中介绍过的舞者一起练习过这个技术。当时她已经在我这里做了一段时间的心理咨询，我们两人之间建立了相互信任的关系。在一次咨询中，当我们谈到她近期的困扰时，她说道："我现在比以前好一些了。我已经能够意识到，当我要做什么事的时候，脑海中出现的那些质疑、苛责的话就是我的妈妈从我小时候对我说的。从前我完全被这些话影响，现在我脑海中能有另一个声音和它抗衡，但是我还是很辛苦，很多精力都耗费在这上面。"

听到舞者这样说后，我建议她可以试试"保险箱技术"。

接下来，在想象中，她建立了自己的保险箱，并且把她的妈妈那些指责的声音固化为一个个硬邦邦的水泥块，然后把这些水泥块缩小，锁进了保险箱。

做完这个练习后，她反馈说："现在我轻松多了。"她接着告诉我："你记得我对你讲过好几遍的，几年前我曾经有过的一次情绪崩溃吗？那次崩溃导致我当时无法升职。最近我慢慢意识到，那个时候我之所以崩溃，是因为当时摆在我面前的困难太多了，就像我小时候的处境一样。一开始当我在那样的处境中时，我从我妈妈那里学来的，就是去责骂给我制造困难的人——就像我妈妈责骂小时候的我一样。但是在几年前，我意识到我不能责骂别人后，我变得不知所措，可所有人都在等着我、看着我，于是那一刻我的情绪崩溃了。"

"我还意识到，过去我没机会停下来看看自己到底怎么了。我不敢停下来，是因为停下来时，脑海里也会充满我妈妈指责和羞辱我的声音。我要花太多力气去应对这些质疑我、嘲讽我的声音。现在我学习了这个保险箱技术，我想它会帮到我，让我在平时把这些影响我的恶意暂时隔离开。"

在我们之后的工作中，在咨询间隔的时候，舞者会在需要的时候使用"保险箱技术"帮助自己把引起自己负性情绪的回忆隔离开，把精力放在日常生活中。那些需要被处理的伤痛过往被暂时搁置，她会在咨询室里，在有咨询师陪伴的时候，才把那些伤痛和过往拿出来处理。

"保险箱技术"帮助舞者从几乎每时每刻都处在困扰的状态中获得了至少片刻的安宁，希望这个技术也能帮助到大家。为了方便大家练习，我现在把这个练习的引导语列在下面。

保险箱技术的引导语如下：

请想象在你面前有一个保险箱。

现在请你仔细地看着这个保险箱：

它有多大（多高、多宽、多长）？

它是用什么材料做的？

它是什么颜色的（外面的、里面的）？

它的壁有多厚？

这个保险箱里面分了格还是没分格？内部结构是怎样的？

仔细观察这个保险箱的细节：箱门容不容易打开？开关箱门的时候有没有声音？

你如果开关保险箱门的话，是如何操作的？有没有钥匙？如果有钥匙的话，钥匙是怎样的？如果不用钥匙的话，锁是什么样的？是密码的吗？按键的还是转盘的？是遥控的还是你用什么魔力操控的？

看着这个保险箱，并试着关上它，你觉得它是否绝对牢靠？如果不是，请你试着把它改装、加固到你觉得百分之百牢靠。也许你可以再检查一遍，看看你选择的材料是否正确、壁是否够结实、锁是否足够牢靠。

现在请你打开你的保险箱，把所有给你带来不舒服感觉的东西，统统装进去。

在练习保险箱技术的时候，有时候你可能不知道如何把负面的情绪、差劲的身体感觉、糟糕的画面、脑海中回响着的父母指责你的声音这些东西装进保险箱。这时候，你可以想象一个"固化"技术，把此类东西固定下来，变为实质性的物品，然后再放入保险箱。

比如：对于负面的情绪或差劲的身体感觉，你可以把它们想象成乌云或者弥漫在你身体里的气体，先试着把它们抽离你的身体，然后对它们使用一个"冰冻法术"，把它们变成固体的，再把它们压缩到足够小，小到可以放进一个小盒子或其他类似的容器，最后把它们锁进保险箱。

对于糟糕的画面，你可以运用想象把它们画在纸上，或者把它们想象成一张照片或图片，缩小到可以放进保险箱的尺寸，然后将其放进保险箱。如果画面太鲜明，对你刺激太强烈，你还可以使用一些技术手段，将画面去掉颜色变模糊，装进牛皮档案袋，再放进保险箱。

对于父母指责你的声音，你可以试着想象把这些声音录在磁带上，将音量调低，倒回到开始的地方，再放进保险箱。

对于其他诸如念头、气味等东西，你也可以想象相应的"固化"方法。比如你可以将某种念头写在一张纸条上，为了保密，不要让他人看见。你还可以用一种别人看不见的神奇墨水来写它们，要看的时候必须用你特制的显影药水才能让内容显现出来，然后将纸条放好；至于气味，你可以把它们用工具吸入一个瓶子，塞好瓶塞，再把瓶子放入保险箱锁好。

将这些令你不舒服的东西都放入保险箱后，你要记得锁好保险箱的门，找个安全的地方把钥匙藏好，然后把保险箱放到你认为合适的地方。不要扔掉钥匙和保险箱，因为这些引发我们不良反应的过敏原仅仅靠忽视是不能彻底消失的，我们还需要在合适的时刻，把它们再拿回来处理。

藏钥匙和放保险箱的地方不要离得太近。你可以把它们放在你力所能及、但又尽量远的地方。你只要想，就随时可以把它们拿回来。在这里，你依然可以运用你的想象力，比如把保险箱发射到某个陌生的星球，或让它沉入海底等等。放之前要先想好，你怎样才能再次找到它们，愿意的话，你可以考虑动用"魔力"或任何特殊的工具。

你可以自己决定何时拿回你的保险箱，打开它并重新触及那些给你带来负面情绪的过敏原。对于不良情绪的处理，还有其他自我应对的技巧，这些内容在后面的章节里会进一步介绍。对于过敏原的寻找和确定是一种探索性练习。需要特别提醒大家注意的是，无论是在过敏原的寻找和确定的过程中，还是在下一阶段的其他探索性练习中，无论你在做什么，任何时候，如果你遇到强烈的、不能承受的情况，请随时中断。请记住，呵护好自己，保持你目前总体的稳定状态才是最重要的。在接下来的一节里，我就会详细向大家介绍提示大家停止练习的一些信号，以及更多的呵护自己的策略。

第三节

开始学习自我呵护

　　正如之前所说，有时候，我们的高敏感是由成长过程中那些不良经历造成的，那么，我们在寻找相应的过敏原的时候，就会难以避免地回忆起那些让我们不舒服的人、物或环境。这些回忆有可能会激发出我们强烈的负面情绪和身体反应。这时候，我们需要运用一些隔离技术，帮助我们恢复平静。如果有时候隔离技术对这些不良反应不管用呢？那就需要我们暂时在某段时间内，彻底停止这些探索性练习。

提示停止探索练习的一些信号

　　1. 你沉浸在回忆的事件中无法自拔，都意识不到周围的环境，或者意识不到你的身体，也感受不到时间流逝。

2. 你无法控制你的情绪。你想大喊大叫、大哭、砸东西，或者想伤害自己。

3. 你开始控制不住地饮酒或大量吃东西，或者想立刻找一个人发生性行为。

4. 你完全体会不到任何情绪，非常麻木。

5. 你不和任何人打交道，并且把自己隔离在某个地方。

出现以上任何一个信号都说明你的反应太强烈了，你需要中断练习。你可以使用从前使用过的、对你奏效的方法帮助自己平静下来，也许睡一觉就好了，也许打会儿游戏就好了。无论做什么，能帮助你恢复平静就好。请记住，我们的目标是"修复自己"，而不是"勉为其难，带伤运行"。如果你不知道做些什么能够帮助自己恢复，那么，下面的一些策略可以供你参考。

自我呵护的策略

1. 技术方面：做我们前几章讲过的安全 / 平静之所的练习或各种放松练习。

2. 身体方面：呵护自己的身体，比如做运动，按摩，用毯子把自己紧紧地裹起来；有规律地、定时地吃些自己喜欢的美食。总之，让自己得到适当的滋养和充分的休息。

3. 情绪方面：小小发泄一下吧。去拍打一个枕头，或者去撕扯一些没有用的废旧本子。当拍打枕头或者撕扯旧本子的时候，如果你想大声地说些一直想说却压抑着没有说的话，那就把它们喊出来吧。宣泄之余，你还可以花时间和你喜欢并且也喜欢你的家人朋友在一起聊聊天、做做家务、玩玩游戏。你可以去看你喜欢的电影和电视，听你喜欢的音乐，玩你爱玩的游戏。如果工作对你来说是最好的抚慰方法，你也可以投入你的工作。

4. 心理方面：你可以把想到的事情写下来，做自己的倾听者和安抚者。你如果有信仰，可以去祈祷，请你信仰的那个有更高力量的守护者陪伴你、帮助你；你也可以参加和你有相同信仰的团体，和伙伴们一起做事；也可以去做一些能更好地帮助世界或大自然的事。

无论如何，请记住：你是值得被呵护的。

克服影响自我呵护的阻碍

有时候，人们无法对自己进行自我呵护，往往是受到成长经历的影响。我将这些影响分为以下两类。

1. 对自己不加呵护是延续童年的心理习惯

在我们成长的环境中，因为主客观种种因素，有时候整个家庭氛围传达出的都是"东西比人值钱""工作比感受重要"等思想，我们会不由自主地成为这些思想的践行者。

比如老崔女士，她提到自己上中学时的一件事。她已经忘记了事情的前因后果，只记得当时家里炉子上放了一大锅滚烫的粥，当她伸手把锅端下来的时候，她感到锅烫得要命，但是，她居然没有本能地把锅放下，而是坚持着把锅端到了另一个指定的地方。当然她的手被烫伤了，很久都不能写作业以及干别的活儿。她现在想起这件事情来，仍然觉得很不可思议，不明白当时自己是怎么坚持下来的。但是回忆起当时，她说："我不知道还可以怎么做，手疼不是我在意的事，好像保证那锅粥的安全才是最重要的事。也许当时我家比较穷，食物就是命，因此我认为食物是最重要的。我父母那时候也没说什么心疼我或者感到后悔的话，可能大家都觉得，我那么做就是应该的。"

这种对呵护自己的忽略，在老崔成长的过程中，或许是一定会发生的，然而，这种习惯延续到老崔成年后，却险些给她带来大祸。老崔20多岁时结婚怀孕了，怀孕期间感到肚子有坠痛感，阴道还不规则出血，但她觉得疼得不厉害，出血量不大，便不以为意，没立刻去医院。后来有一天，她疼得实在受不了了，居然还自己步行到了医院。到医院后，她感到一侧下腹撕裂一般疼，还感到恶心想吐，心慌无力，大汗淋漓。医生立刻判断她属于宫外孕且输卵管已经破裂，马上安排手术，剖腹后发现她体内已经大出血。医生从鬼门关救回了老崔。从这件事之后，老崔学会了呵护自己。

老崔的故事，是一个对自己的身体不加以呵护险些丧命的例子；而对心理不加以呵护，任由不良情绪肆虐也是非常危险的。长期压抑情绪，对自己的心灵缺乏呵护，可能带来的结果是当事人不堪重负，患上心理疾病，要么伤害自己，要么伤害别人。这方面相关的社会新闻也不少，比如当年轰动全国的马加爵事件。看似不起眼的日常小事最后却引发那样惨痛的结局，不管是犯案人还是被害者，生命都停滞在最美好的年华，实在值得惋惜。这样的事例并不少见，更多的案例就不在这里一一列举了。

你如果之前是一个不把自我呵护当回事的人，从现在开始，就可以在这几个方面进行练习了。

开车的人都会注意保养和维护自己的汽车，目的是让车使用得更长久；那么，对自己，即使只是为了让自己能够工作更久，为家人付出更多，是不是至少也要用一份和对待自己的车一样的态度来好好爱护自己？你如果还没有车，那么，是不是有一样很珍惜的心爱的物品？从现在开始，至少拿出精心呵护那份物品的态度来善待自己吧。

而且，从另一个角度想，你是一个拥有车或其他贵重物品的人，如果这些东西值得呵护，那么，拥有它们的你是不是比它们价值更高，更值得呵护？皮之不存，毛将焉附？如果人都没有了，这些东西保管得再好又有什么意义呢？所以，请心安理得地呵护自己吧，不要再认为呵护自己是没必要的，是在浪费时间了。正如我们之前说过的：你如果是一个高敏感的人，那么你就需要比不高敏感的人得到更多的呵护。

2. 对"呵护自己"存在一些信念上的阻碍

对"呵护自己"存在信念上的阻碍，有时候能被人意识到，有时候是潜意识在起作用，人们都意识不到自己会有这样的信念阻碍。

（1）能被意识到的阻碍信念：对自己的呵护和关怀必须从外界得到才有价值。

小美对于自我呵护有一个观点，那就是：自己呵护自己是一种很可怜的行为，呵护必须从外界得到才是有价值的。小美在亲密关系中的表现是，一直非常需要伴侣的陪伴、呵护和鼓励，希望伴侣能随时随地这样做。每当伴侣的肯定或陪伴来得不那么及时的时候，她就会非常不安。

回顾小美的成长经历，我们看到，小美的父母对她极端控制、极度贬低。小美未成年的时候，需要时时刻刻向父母报告自己的行踪，每一分每一秒，在哪里干了什么，都要如实汇报。如果不汇报，父母会像发疯了一样对她胡吵乱骂，甚至打她。同时，父母还会时时刻刻打击她，几乎不曾让小美感受到自己是被爱的、有价值的。小美印象中最深刻的一件事，是在上小学的时候，她和同学起了冲突，被同学打歪了鼻子，流着血被送往医院。她的父母听说了这件事后，第一时间冲向医院，把小美从病床上拖了下来，对她连打带骂。

父母的控制和暴虐让小美没有机会进行自我呵护，也让她没学会自我呵护。她只能从外界获取呵护。她羡慕别的同学和父母的相处模式，慢慢地，她有了这样的想法：如果一个人不能从外界获得呵护，只能自己呵护自己，那他就是个可怜虫。这是因为，小美从内心深处觉得自己很可怜，需要通过被他人呵护来证明自己不可怜。而"自我呵护的人是可怜虫"这样的想法阻碍着小美成年后进行自我呵护，使得她无法从自我呵护中得到安慰。

面对小美的阻碍观念，咨询师询问她："你觉得一个只等着别人帮他解决困难的人，和另一个能自己解决困难的人，谁更强大？"小美回答："能自己解决困难的人。"咨询师接着问："那这样的人是可怜虫吗？"小美沉默了，开始思索。在之后的日子里，小美开始尝试进行自我呵护，比如练习"安全／平静之所"。慢慢地，她开始向咨询师反馈，她体验到了自我呵护后情绪的平复。

（2）意识不到的阻碍信念：对自己的呵护和关怀只能从外界得到。

这种信念往往不容易被人们觉察到，也和人们过去的经历有关。在这类人的成长过程中，他们也许没有被允许自我呵护，也许没有学到自我呵护的方法。

自我呵护实际上是生物的本能。如果我们在生活中仔细观察就会发现，即使小婴儿也有自我呵护的方法。一个吃饱喝足的小婴儿可能会非常惬意、满足地啃他的手指。再大一点的孩子，可能在吃东西的时候非常安静，但脸上会露出非常幸福满足的表情。更大年龄的孩子，在父母暂时无法陪伴他的时候，他可以很安静地跟自己的毛绒玩具待着，或者和毛绒玩具说话、做游戏。

以上这些都是孩子自我呵护的方法。如果在自我呵护的时候，没有被粗暴地打断或制止，那么孩子们就学会了安慰自己的方法，并且能够享受自己对自己的安慰，并把这样的能力迁移到成年后。

然而，如果父母侵入性太高，对孩子无时无刻高度关注，不停地打断孩子、阻止孩子，不允许孩子自己安慰自己，只允许孩子接受他们给予的一切，那么这样的孩子可能意识不到人还可以自我呵护。或者父母做得过分好，孩子没有机会拥有自己呵护自己的经历，没能学会自我呵护，那么这部分人成年之后，可能也是不会自我呵护的，只会等别人来帮忙。

我们如果觉察到自己属于这部分人，那么，可以从现在开始练习自我呵护了。如果你不管感觉多糟糕多想改变，都找不到办法呵护自己，以及我们刚刚介绍的这些自我呵护的方法对你根本起不到任何积极作用，那么，建议你尝试去寻求专业心理咨询师或心理治疗师的帮助。

第五章

发掘：
你的敏感反应是什么样的

* * *

　　确定了过敏原后，我们可以回过头来，再审视一下自己的那些过敏反应。这些反应包括我们的情绪、我们身体的什么部位能感受到我们的情绪，以及我们会做出怎样的举动。我们确定自己的过敏反应是为了进一步了解自己，看看在过敏原的刺激下，我们的情绪或我们的行为等各方面的反应到底是什么样的，它们放在当前环境中对人际关系的建立和维持是否有什么不好的影响，从而帮助我们选择做出改变的方法。

第一节

选择相应事件以确定你的过敏反应

正如上一章所讲，对于一个高敏感的人来说，生活中能引起敏感反应的人、事和环境可能有很多。但是，人的精力有限，人不可能在同一段时间里同时处理好几件事。因此，我们首先要选择、确定一类目前最困扰我们的事，针对这类事进行处理。具体操作可以按以下步骤进行。

1.确定要处理的某一议题，在此范围内选择三件事

比如，我们在第四章中提到了 A 女士看到 B 先生没接电话的那个例子，当 A 女士感觉自己的反应属于高敏感的时候，她选择处理的议题就是"在亲密关系中容易焦虑"。这个议题范围内的相关事件，她回忆起来的可以是：

上次吃饭时，B 先生没接打进来的电话，我很焦虑。

某次 B 先生开车送我回家，也有个电话打进来，他还是没接，我也很狐疑。

某次和 B 先生约好晚上 8 点一起吃饭，他迟到了半小时，我当时很不安。

2. 确定这些事件的 SUD 值

在这里我们要引入一个衡量的标准，叫作 Subjective Units of Distress，译为"主观痛苦感觉单位量表"，缩写为 SUD。它是由心理学家沃尔普于 1969 年制定的，可以帮助人们对一件事给自己造成的痛苦程度分级，也可以帮助人们建立一个把自己感受到的痛苦主观量化的标准。我们可以根据主观痛苦感觉单位量表来确定那些高敏感反应事件使我们感到的痛苦程度。

这个量表从 0~10 分评分，描述的状态依次从没有痛苦到极端痛苦，参考的标准如下：

0 分　　完全放松，没有痛苦，可以酣然入睡。

1 分　　非常放松，感觉基本良好，也许经过特别努力思考能感到一些不愉快。

2 分　　有点不愉快，但也不明显，在你特别注意你的情绪时能感受到这些事造成的困扰。

3分　　轻度沮丧，不需要特别留心你也能够注意到自己的担心和困扰。

4分　　有些心烦意乱，你的不愉快无法被轻易忽略掉，虽然你可以控制它。

5分　　中度不适，不舒服，但不愉快的情绪仍然可以通过一些努力被控制。

6分　　感觉不好，处在这种状态中时，你开始认为应该做些什么，不能再静静承受。

7分　　感觉糟糕，虽然还能控制住自己的情绪，但已经在情绪恶化的边缘徘徊。

8分　　感到很痛苦，并伴随着高度恐惧、焦虑和担心，不能长时间忍受这种程度的痛苦。

9分　　痛苦非常严重，以至于影响到你的思维，让你不能正常思考。

10分　极度痛苦，内心充满恐慌，全身感觉极度紧张，处在可以想象的最糟糕的恐惧与焦虑中。

以上关于0～10分的叙述只是一个参考，帮助大家理解评分的含义。实际操作中，你只需要根据自己的感觉，按照"从0到10分，0分代表没有痛苦，10分代表最严重的痛苦"来对自己选定的事件评分就可以了。

在对这些事件评分的时候，请不要问别人遇到这样的事时有多痛苦或者多不痛苦，也不用和别人比较你们对同一事件评分的差异。"甲之蜜糖，乙之砒霜"，不同的人对同一件事的感受天差地别，而你只需要关注你自己的感受。你的感受是几分，你就为那个事件标上几分，你的感受就是正确的标准。

3. 填写以下表格

表 5-1　事件－反应记录表

事件	最糟糕的部分或能代表这部分的图像	事件 SUD 值评分	我的情绪	我身体感受到困扰的部位	我通常的行为反应
事件 1：……					
事件 2：……					
事件 3：……					

注：本表改编自弗朗辛·夏皮罗的 TICES 表[1]。

第 1 列，列出事件是什么。

第 2 列，列出这个事件中让你感到最糟糕的部分或者能代表

1　TICES 表，关于烦恼事情的自我监控记录表。其中，T，trigger，代表"触发器""扳机事件"，即触发来访者不良情绪的事件；I，image，能代表触发你的不良情绪的那件事中最糟糕部分的图像；C，cognition，"认知"，指和这个图像联系在一起时，你对自己的负性信念；E，emotion，"情感"，即被触发的不良情绪；S：sensation，"身体感觉"，这件事带来的身体感受。

这个最糟糕的部分的图像。

第3列，对这件事你感到的糟糕程度是多少？请为它打分吧。

第4列，你的情绪是什么？

第5列，你身体的什么部位能感受到这些困扰？

第6列，在这种情况下，你通常会有什么样的行为反应？

比如在第四章里我们提到了 A 女士的例子，当她看到 B 先生没接电话的时候，她产生的情绪是焦虑。这种焦虑弥漫她全身，让她如坐针毡。她的行为是开始胡思乱想，没有办法把注意力集中到当下和 B 先生的交谈中。

那么根据这些情况，A 女士就可以这样填写这个表格。

表 5-2　A 女士的事件－反应记录表（未完全完成版）

事件	最糟糕的部分或能代表这部分的图像	事件 SUD 值评分	我的情绪	我身体感受到困扰的部位	我通常的行为反应
事件 1：上次吃饭时，B 先生没接打进来的电话	他看了一眼电话，没理会	5	焦虑	全身	心不在焉，无法再集中注意力和他交谈
事件 2：……					
事件 3：……					

后来 A 女士又列出了两件类似的事，同样经过以上 6 个步骤，她最终完成的表格如下。

表 5-3　A 女士的事件 – 反应记录表（完成版）

事件	最糟糕的部分或能代表这部分的图像	事件 SUD 值评分	我的情绪	我身体感受到困扰的部位	我通常的行为反应
事件 1：上次吃饭时，B 先生没接打进来的电话	他看了一眼电话，没理会	5	焦虑	全身	心不在焉，无法再集中注意力和他交谈
事件 2：B 先生开车送我回家时，没接电话	电话进来，他按了拒绝接听键	6	焦虑，苦恼	咽喉	不想再和他说话
事件 3：B 先生吃饭迟到	我独自等待的样子	8	不安，羞耻，愤怒	全身	想断绝和 B 先生来往

在填写表 5-1 事件 – 反应记录表时，人们可能会遇到一个困难，就是不知道自己的情绪是什么样的，或者找不到自己的身体感受。对于这两方面的问题，我们会在接下来的两个小节中展开讨论。

第二节

识别情绪

在填写事件–反应记录表时，不少人一开始就会遇到困难，即遇到事情的时候，人们往往只会考虑该怎么处理这件事，却不去考虑自己的情绪，或者陷在自己的情绪中却不能体会自己的情绪是什么样的，比如小脆弱女士就是这样的。

小脆弱女士最近开始了一段新的恋情。她非常满意现在的男友，希望能够推进关系，于是约好和朋友一起聚会，准备在这场聚会上把男友公开介绍给自己的朋友。她的男友事先也同意了这个约定，但是在聚会那天，她的男友却没有出现，只是打电话告诉她"我感冒了，所以不能去了"。

小脆弱女士这个时候陷入了负面情绪中。她知道自己不快乐，不开心，但是其实她没有觉察出这种不开心的情绪究竟是哪种情绪。她所有的思绪都集中在男友到底是什么意思，接下来自己该怎么办，该如何处理这段关系上。因为小脆弱女士比较重视这段关系，考虑到之前几段恋情都不成功，所以这次她找到了心理咨询师。

咨询师听她叙述完后，邀请她填写事件－反应记录表。小脆弱女士给男友爽约这件事评了 6 分。咨询师接着问她："那现在你感受到了什么呢？"小脆弱女士立刻回答："我感到他不重视我，我觉得他对这段关系不认真。"咨询师说："很好，这是你的想法，那你的情绪是怎样的呢？我们的感受既包括想法也包括情绪。"

小脆弱女士愣住了，这个问题对她来说，是一个非常新鲜的问题。在这之前，每当她生活中发生某件事的时候，她总是想需要怎么做，应该怎么做。她从来没有想过停下来体会一下她的情绪是什么。她只知道她现在不愉快，但是不愉快的情绪包括很多种，比如悲伤、沮丧、焦虑、愤怒等，那她到底是什样的不愉快呢？

这就是我们在本节一开始提到的，当事情发生的时候，很多人往往只会考虑该怎么做，或者陷在自己的思绪中，却不会主动去体会自己的情绪是什么样的。在前来咨询的人中，和小脆弱女士一样的来访者不少。曾有一位女士跟我说，她最近这段时间感到很心烦，看见同事也烦，工作的时候也烦。我问她："你这种心烦到底是什么样的呢？能不能举一个例子来说明你是烦恼的、愤怒的、恐惧的？或者是担心的、厌烦的、急躁的呢？"她陷入沉思，觉得说不出来，最后她回答："哦，我只是觉得烦，但这种烦是种什么样的心烦，我从来没有想过。"

心理的高敏感就像身体的高敏感，我们要处理它，除了确定过敏原，也要确定过敏反应。就像身体过敏，我们的过敏反应到底是什么？打喷嚏还是皮肤起疙瘩了？

我们得根据不同的症状使用不同的药物。过敏反应是打喷嚏和过敏反应是皮肤起疙瘩，即使原理一样，需要使用的药物在剂型上、药物成分上也是有区别的。皮肤过敏时，我们一般除了口服药物，还要外涂一些药剂；因过敏打喷嚏时，我们可能会以口服药物为主。心理过敏也是一样的，不同的情绪背后蕴含着不同的意义。同样一件事，有人的情绪反应可能是愤怒，有人的情绪反应可能是恐惧。这些不同的情绪反应的意义不一样，处理的方式也不一样。所以我们得先确定自己的情绪是什么。

如果你是一个在人际关系中高敏感的人，那就意味着在人际关系中，你的情绪很容易被激发出来，也就是说，你的情绪被唤起的可能性要远远高于其他人。一瞬间，你的情绪就能从平和变为狂怒或者极度恐惧，那么，你必然很难和他人建立稳定的关系。假使你能管理好自己的情绪，那么，你的人际关系就不会受到不良影响。可是，你如果连自己的情绪都辨识不出，那就更谈不上管理好情绪了。所以，辨识自己的情绪，是帮助我们管理高敏感、重建人际关系的一个重要环节。

辨识情绪的第一步，是学会命名各种情绪。

1. 命名情绪

要想识别一样东西，首先要给它命名。比如，我们看到一样东西想要描述给别人听的时候，如果之前没遇到过这个东西，那么它在我们的世界里是缺乏命名的，我们的描述可能就是这样的：那个动物是活的，有四条腿，会跑，跑起来很快，身上有毛……听你说话的人，会根据你的描述去想象你到底看到的是什么。他也许能猜出来，也许猜不出来，即使猜出来了也只是在假设。直到那个动物再次出现，你指给别人看："你看，那就是上次我说的那个动物！"这个人看到后，可能会说："啊，是只兔子！""兔子"就是给那个动物的命名。自从知道那个动物叫兔子后，你就能够对它进行识别了，能把它从其他类似"活的，有四条腿，会跑，跑起来很快，身上有毛……"的动物中识别出来，知道它不是马，不是羊，不是狗，不是老鼠。或者你们俩从前都没见过它，现在可以一起给它命个名，命名它为"兔子"。那么下一次再谈到这个动物的时候，只要说"兔子"这两个字，对方就知道你指的是什么了。

对情绪进行命名具有以下作用：命名情绪可以让人的情绪趋向缓和，还可以增进表达和沟通。比如，一位年轻朋友在刚上大学的时候，感到自己一下子失去了生活的方向。以前他的目标是为了高考而努力，可高考填报的志愿并不是他自己感兴趣的，是父母要求的，现在高考结束了，他就不知道该干什么了。他每天坐立不安，总有一种大祸临头的感觉，总觉得接下来好像要发生什么可怕的事。这个状态让他更加不安，因为他不知道自己怎么了。幸运的是，这时候他接触到一本心理学书籍，看到了书上的描述：这种坐立不安、总觉得有什么可怕的事要发生的状态叫作焦虑。看到这个名称的一瞬间，他一下子就感到安心了。他知道了：噢，原来我这样叫焦虑。

这就像一个孩子出生后第一次经历打雷闪电时，他不知道外界正在发生什么，也不知道自己这种非常恐惧的状态叫什么，只是感到非常难受、不安，于是只会哭喊。这时候，母亲如果注意到了孩子的状态，就会过来抱着他说："哦，我的小宝贝害怕了，外面正在打雷，把我的孩子吓到了。"

这个时候，有三件事被命名了：一件是外界正在发生的事情被命名为打雷；另一件是孩子知道了自己这个状态叫作"被吓到了"；第三件是他知道了目前他的情绪叫作害怕。

当这些从前未知的内容被命名后，它们就变成已知。接下来我们就可以对它们进行描述，增进对它们的了解，与他人进行有关这些内容的沟通。

比如刚刚提到的那个焦虑的学生，他可以根据"焦虑"这个名词去搜索资料，了解"焦虑"可能产生的原因和对策，也可以和医生或家人讨论有关焦虑的事。只有这样，他的焦虑才有可能得到缓解，别人也能更好地理解他目前的状态。而那个被打雷吓到的孩子如果已经会说话了，下次再打雷的时候，就可以跑去找妈妈，对妈妈说："我好害怕呀，外面在打雷，把我吓坏了。"当他向妈妈表达出来这些东西的时候，他的惶恐程度会比无法表达时降低。这样做也可以为他带来母亲的理解和抚慰。

我们可以设想一下，如果这个孩子一直没办法从外界学会命名他遇到的事和感受，那么，当发生一件让他觉得很痛苦的事情时，他就只能哭闹，让他的看护人烦恼、焦躁不已，时间长了，看护人也会对孩子感到厌烦。成年人也是如此，当遇到事情后，如果他说不清楚自己的情绪，只觉得难受，那么难受到无法忍受的时候，他可能会直接对别人动手或摔门而去。这样的行为显然无益于人际关系的建立。

因此，学会感受情绪，给自己感受到的情绪命名，将它用语言表达出来，本身就能降低敏感反应。同时这也是一种能让一个人被他人理解，和他人进行沟通，帮助建立人际关系的基本能力。

2. 识别情绪

将情绪进行命名后，接下来就可以练习觉察和识别这些情绪。

如果你之前的生活经历将你塑造成了一个不善于觉察和识别情绪的人，那么你可以从现在开始尝试做识别情绪的练习。下面这个表中的情绪可能是你有过的，也有可能是你感受到的别人的情绪。表5-4中列出了各种情绪的名称，你可以参照这个表体会各种情绪的状态，然后结合实践，识别发生某事时你的情绪。

表5-4 情绪情感词汇示意表

平静、放松 宁静 自在 安心 满足 放心 安全 舒服 悠闲 安宁
愉快、兴奋 快活 欢喜 开心 喜悦 兴致勃勃 振奋 激动 欢欣鼓舞 无忧无虑
精力充沛的 精力旺盛 生机勃勃 有生命力 精神抖擞 热情满满 充满激情
自我效能感 自信 勇敢 能干 有才华 强大 独立 有效率 有智慧 有价值 有影响力 英俊 美丽 坚定 有吸引力 负责 自豪 成功的 有决心 受重视 充满能量
爱与被爱 喜欢 在乎 安心 安全 被接纳 被支持 被需要 被保护 理解 深情 忠诚 信任与被信任 渴望与被渴望 被鼓励
友善、关心 关怀 体谅 善意 友好 仁慈 无私 慷慨 保护 接纳 温暖 温柔 宽容 牵挂 慈悲 理解 共情 善解人意 惋惜 遗憾 不忍 担忧
感谢 感激 幸运

惊讶

诧异　惊奇　惊愕　吃惊　震惊　惊呆了　目瞪口呆

焦虑、心烦、害怕

烦躁　急躁　惧怕　心惊肉跳　不知所措　紧张　不安　心烦意乱　局促不安
神经质　忧心忡忡　焦躁不安　失控　紧绷　担心　歇斯底里　心绪不宁
惊慌失措　忧虑

生气、愤怒

不高兴　不愉快　气愤　狂怒　激怒　暴怒　怒气冲冲　怒发冲冠　受挫
有敌意　发狂　愤慨　怀恨　恼羞成怒　不可原谅　抵抗　残暴　无情　恶毒

轻视、厌恶

轻蔑　厌烦　嫌恶　恶心　鄙视　排斥　瞧不起　看低　作呕　自以为公正
优越　挫败　傲慢

难过

忧郁　气馁　受挫　泄气　沮丧　心情低落　丧气　失去勇气　低沉　抓狂
抑郁　阴沉　悲哀　悲痛　哀恸　闷闷不乐　落魄　听天由命　悲观　不快乐
郁闷

羞耻、罪恶感

尴尬　羞愧　该被责备　堕落　没面子　愚蠢　卑微　屈辱　受辱　非难　嘲笑
懊悔　懊恼　可笑　抱歉　惭愧　下流

无力感

胆小　低能　无能　软弱　无助　绝望　无法胜任　笨拙　低劣　靠不住　无用
差劲　不知所措　渺小　笨　不合格　微不足道　不值得　没价值　脆弱

寂寞、被排挤

被抛弃　被疏远　孤单　孤独　空虚　被隔绝　被忽视　孤立　被遗忘　不被接受
被忽略　被拒绝　不被在乎　不被爱　不受欢迎　不被需要

受伤

被虐待　被非难　被背叛　被责备　被轻视　被骗　被苛求　被压垮　被剥夺
被羞辱　被侮辱　被摧毁　被讨厌　被抛弃　被评判　被损害　受伤害　被误解
被贬低　失望

厌烦

缺乏兴趣　漠不关心　无聊　枯竭　筋疲力尽　身心俱乏　听天由命
不感兴趣　无动于衷　不耐烦　不感动　缺乏热情　呆滞　困乏

困惑

迷惑　内心冲突　糊涂　杂乱无章　疑惑　混乱　犹豫　混淆不清　不知所措
卡住了　无法决定　不确定　被撕裂

被强迫、被控制、被利用

被支配　被压榨　被摆布　被剥削　被强加　被掌控　被操弄　被驱使　被决定
被折磨　无法摆脱　顽固

忍耐、勉强

压抑　忍受　有义务　欠人恩情　谨慎　畏缩　迟疑　有所保留　胆怯　抑制
慎重

忌妒、不信任

羡慕　嫉妒　怀疑　妄想

注：本表改编自克拉拉·希尔《助人技术》一书的《情感词汇列表》。

以上这个表只是参考。你如果在这个表中没有找到能描述你觉察到的情绪的词汇，那么可以用笔写下能描绘你的情绪的恰当词语。

当进行情绪觉察和识别的时候，有时会出现一个问题：人们不愿意觉察自己的情绪，因为很容易被已经察觉到的情绪影响，不知不觉陷入那种情绪中。在这里，我们要提到一个词叫"正念"，也就是：在不评判自己、不逃离现实、不试图立刻从情绪中摆脱出来的情况下，观察、命名以及描述自己的情绪和反应。

　　识别情绪的时候，我们可以把这些情绪当成一个信号兵来对待。我们要意识到出现这些情绪时，我们的机体只是向我们汇报"发生了一些情况"，而不是让我们着急地去采取对策。或者说，我们不要急着被这些情绪驱使行动。这可以帮助我们避免在高敏感情况下做出破坏人际关系的举动。回到上面的例子中，当小脆弱女士停下来感受、体会自己的情绪后，她终于能够确定，自己感受到的有失望，也有愤怒。

　　那么，现在你是否也能觉察到，在你填写的事件发生时，你对应的情绪是什么？

第三节

识别身体感受和行为反应

　　在小脆弱女士的故事里，小脆弱女士发现自己的情绪是失望和愤怒后，咨询师继续询问她："那现在你身体的什么部位感受到了这些呢？"这对小脆弱女士来说也是个新鲜的问题。她意识到，其实她对自己的身体也很少注意。从小，她的身上就会时不时、莫名其妙地出现青一块紫一块的瘀伤，她知道这一定是在什么地方碰撞出来的，但是大多数时候都记不清在什么地方碰撞过。这恰恰说明：小脆弱女士长期以来，对她自己的身体也是忽视的。

　　当她此时此刻认真地体会自己的身体感受时，她感到胸口发堵，像有一团火在那里燃烧。小脆弱之所以会忽视自己的情绪和身体感受，和她的成长经历有关。她清楚地记得，小时候不止一次，当她不小心蹭破手或者伤心哭泣的时候，她的父母往往都因忙于生计，对她的求安慰毫无反应，甚至有时还会呵斥她。这些经历就是生活给她发出的信号——不要关注你的情绪，也不要关注你的身体感受，那些都是不重要的。然而，情绪和身体的感受是不是真的不重要呢？

要看在什么场合。如果是处在正在战斗的时候，人的情绪和身体感受确实需要被忽略，因为人全部的精力都要放在战斗上。这时候人分心去感受情绪和身体的疼痛，可能会被敌人乘虚而入，带来致命的后果。但是在日常人际交往中，尤其是在亲密关系的建立过程中，我们特别需要注意情绪和身体的感受。谈情说爱，谈的就是"情绪、情感"啊。如果忽视情绪和情感，那么人际关系怎么建立呢？脱离了情绪和情感的人际关系，又有什么温度，又有什么建立的必要呢？建立人际关系，包括和人谈恋爱，不是打仗，是要和人进行真诚的情感联结，达到互相支持的情感目标。

在小脆弱女士找到受到困扰的身体部位后，咨询师继续问："那之前你通常会怎么处理这样的问题呢？"小脆弱女士说："我会不再跟这个人联系，因为我觉得他没有认真对待我们的关系，这段关系不值得我继续投入了。"这就是她过去面对此类事件时的行为反应。从这个行为反应可以看出，这样的回应行为对小脆弱女士来说可能是足够安全、足够高效的，但，也让她的亲密关系没法发展下去。

那我们要不要改变这个行为反应呢？又该如何改变呢？这将在本书后面的章节继续探讨。现在我们可以先来完成本章的事件 –反应记录表（见第 106 页），以确定我们处在高敏感时刻的情绪反应、身体反应部位，以及行为反应。

填完这个表之后，相信你会对自己在人际关系中的反应模式和相关事件让你感受到的糟糕程度有一个更清晰的认知。

第三部分

*

如何应对高敏感引起的
人际关系问题

第六章

审视：为什么别人可以不敏感，但我不行

我们填写完了事件－反应记录表以后，可能会发现，那些能引起我们高敏感反应的事件对于其他人来讲通常算不上什么，却会诱发我们产生强烈的负性情绪以及做出让别人难以理解的行为。这些负性情绪和不适宜的行为才是影响我们人际关系的因素。那么，为什么遇到同样一件事，别人都不敏感，我们却会敏感呢？这是因为我们经历过的一些事使我们内心产生了一些负性信念。这些负性信念是那样根深蒂固地存在于我们内心，就像小魔鬼一样，时不时地跳出来唆使我们变得敏感。而那些不那么敏感的人，他们的内心则没有这些负性信念。就像下面"小害怕"和"小开朗"的例子。

第一节

内在负性信念

小害怕同学长期以来感到和同学交往非常困难。他想改变自己，于是在阅读一些心理学书籍和学习一些心理学课程后，开始行动，尝试主动向同学打招呼。一开始，他尝试做出的改变收到了好的效果，同学们基本上都会热情地回应。但是在某一天，当小害怕同学向一位同学主动打招呼时，那位同学没有回应就走开了。这时小害怕同学就感到非常沮丧，甚至隐约感到一丝愤怒，认为改变是没用的，再也不想主动和人打招呼了。

我们先复习一下：

小害怕同学遇到的事件是什么？

——主动向别人打招呼，却没有得到回应。

小害怕的情绪反应是什么？

——沮丧和愤怒。

他的行为反应是什么？

——决定以后再也不和人主动打招呼了。

是不是每个有和小害怕同学类似经历的人，都会有同样的情绪反应和行为反应呢？

——并非如此。

小开朗同学最近也遇到相似的事，连续跟两个同学打招呼，对方都没有理他。但是小开朗同学既不感到沮丧，也没有感到愤怒，更没有再也不和人主动打招呼的想法。这是为什么呢？

因为小害怕心里住着一个时不时对他絮絮叨叨的小魔鬼。它会对小害怕说："他们不理你，是因为他们看不起你！你是没有价值的，你是不可爱的，你是个糟糕的人！"小魔鬼说的这些带有负性评价的话，就是小害怕对自己持有的牢固的负面看法。这被称作对自己的负性信念。在这些负性信念的影响下，一个人就可能会对一些别人不敏感的事非常敏感。

举个例子来帮助大家进一步理解。如果你现在是爱因斯坦，你已经发表《相对论》，并被公众认可，现在受邀到各地去演讲，当你演讲结束时，所有的学术大家都鼓掌，认可你、赞美你，你走到街上，忽然远处有一个流浪汉冲你扔过来一只鞋，并且高喊："你这个傻瓜，你是世界上最愚蠢的人。"此时此刻他说的这句话会引起你的过敏反应吗？你会不会瞬间开始自我怀疑，觉得自己在欺世盗名呢？或者你会不会瞬间感到愤怒，觉得这个流浪汉在胡说八道，居然如此攻击你，你必须去找他谈一谈，向他讲解清楚你的相对论？

我想爱因斯坦是不会这样做的，他可能会对这件事一笑了之。自己认为自己不够好，不够强大的人才会特别在意外界的反应，外界的一点风吹草动都能引起他的反应。而自己相信自己足够好、足够强大的人就不会那么在意外界的反应。这就像身体足够健康的时候，我们不会时时刻刻特别在意外界环境里是不是有细菌、病毒，因为我们知道，那些细菌和病毒不能把我们怎么样，我们就不会每天特别警惕地去防范，在意自己吃了什么，喝了什么，是不是碰到了什么；不会时刻拿着消毒棉球擦来擦去，或每天不停地洗手。只有当我们的身体没那么健康的时候，我们才会特别在意吃了什么，喝了什么，碰到的东西是不是足够干净。

重复一遍，当我们足够相信自己、对自己有足够肯定的评价时，外界发生一些事情是不会引起我们的敏感反应的。就像小开朗，当他向同学打招呼没得到回应的时候，他的想法是："他可能有什么事在忙吧，顾不上回应我；或者是，他根本没看见我；也或者是，我曾经什么时候得罪过他，我下次见到他的时候可以问一问，看看怎么修复我们的关系"。

小开朗的心里没有小魔鬼对他叫嚣"你是微不足道的，你是不可爱的，你对人际关系是无能为力的！"所以当遇到那些足以让小害怕痛苦到疯狂的事的时候，小开朗丝毫不受影响。他不认为那些事是他不够好引起的，也不害怕去应对它们。

心理咨询中认知行为疗法的理论就是这样的。认知行为疗法主张：影响人们情绪、生理反应和行为的，不是人们遇到的事情本身，而是人们遇到事情时产生的想法，也就是人们对事件的解释。这些想法和解释与人们持有的信念有关。

我们从小害怕和小开朗的例子中就能看出，他们俩遇到的事情一样，都是"向同学打招呼，却没得到回应"，但是因为他们俩对这件事的解读不一样，所以他们产生的情绪和行为反应就不一样。小害怕的解读是"他们看不起我，所以故意不理我"；小开朗的解读却是"他们没看见我"。

之所以会有这样不同的解读，是因为他们持有的对自己的信念不同。小害怕认为"我是没有价值的，我是不可爱的，我是个糟糕的人"，所以，当同学没有回应他时，他会自动把这件事解释为"人家看不起我"。而小开朗心里没有这些对自己的负性信念，所以他根本不会认为同学没回应他是因为看不起他。

怎么才能从小害怕变成小开朗呢？只要赶走那个不断叫嚣的小魔鬼就行了，也就是，改变我们心中那些固有的负性信念。如何改变这些负性信念呢？首先，我们要确定自己的负性信念是什么。

第二节

常见的内在负性信念

在确定一件事情影响我们的情绪和行为的负性信念是什么之前，我们先一起来看看人们常有的负性信念有哪些。引起人们负性情绪和不恰当行为的负性信念，一般可以分为四类。

第一类是觉得自己有缺陷。比如我不值得被爱，我微不足道，我不够好，我不如别人，等等。

第二类是觉得自己不安全。比如我现在没有安全感，我现在处境危险。这里所说的"安全感"既包括我们日常生活中常说的男女交往时，女性感到"这个男人让我没有安全感"的"安全感"，相关负性信念的表达形式可以是"我无法相信他人"或者"表达我的情感是不安全的"；也包括真正能带来身体伤害、性命

表 6-1　常见负性信念类别

常见负性信念	具体表达方式（举例）
觉得自己有缺陷 （价值感方面）	我不值得被爱 我微不足道 我不够好 我是个糟糕的人 我不如别人 我很愚蠢 这是我的错 我不可以被原谅 ……
觉得自己不安全 （安全感方面）	我不安全 我处于危险之中 我无法相信任何人 我流露感情是不安全的 ……
觉得自己缺乏力量或缺乏控制感 （控制感方面）	我无法控制局面 我很弱小 我孤立无助 我必须完美 我无法成功 我得不到我想要的 我无法为了维护自己的利益挺身而出 ……
缺乏归属感 （归属感方面）	我是个异类 我是孤独的 我不被任何人需要 我无处求助 ……

注：本表改编自弗朗辛·夏皮罗博士的《让往事随风而逝》一书。

攸关的那种安全感。比如有的人经历过一次车祸，留下了关于车祸的特别可怕的记忆，但是这个记忆没有被处理过，现在这个人一坐在车里，就会不由得感到心慌意乱。这时候"我不安全"的感受就属于第二类。

第三类是觉得自己缺乏力量或缺乏控制感。比如我无法控制局面，我很弱小，我孤立无助；我必须完美，我得不到我想要的等。

第四类是缺乏归属感，觉得自己像个隐形人，非常孤独，或者没办法和人产生联结等。

表6-1列举了这四类负性信念的一些表达方式供大家参考。

这个表格只是一个参考，它可以帮助大家了解常见负性信念的类别，帮助大家在发生高敏感反应的时候寻找到影响自己的负性信念。你的负性信念可能不在这个表格里，没有关系，因为这个世界上没有人比你更了解自己，你自己才是那个最知道自己内心承受什么样的痛苦的人。

比如自强女士，她目前30多岁了，工作业绩出色，虽然没有上过好大学，但已经是一家公司带领着几十个人的团队的业务经理了。可她在和人建立亲密关系方面存在巨大的问题：她对接近她的人充满防范，无法相信会有人真正发自内心地爱她，在日常生活中一想到建立亲密关系这类问题，就感到沮丧焦虑。当她根据自己和人相处过程中出现高敏感反应的场景记录自己的情绪、寻找自己的负性信念时，她发现自己内心的声音是："我是个累赘！"

原来，自强女士从小家境非常贫困，父亲身体不好，脾气也不好，酗酒，打骂妻女，而母亲整日为生活奔波，根本顾不上女儿。母亲常常把自强女士托付给任何一个能帮她照看一会儿孩子的人。在记忆里，自强女士既没有感到得到过父亲的爱，也没感到得到过母亲的爱。她总觉得，似乎是自己的出生给家庭带来了困窘的局面，为父母带来了麻烦，她就是个累赘，不会有人真心爱她的。

大家可以参考表 6-1，并以自强女士为参考，在觉察到自己的高敏感反应时，找出影响自己的负性信念。具体的操作步骤是：

首先，列出 3 件最近困扰你的、特别是你觉得自己反应过度的事情，把这 3 件事写在"困扰的事"（下页表 6-2）这一栏里。请注意，你选择的事情的主观痛苦程度的评分是不能超过 5 分的，痛苦程度过高的事情不适合自助处理。接下来，将注意力放在你觉得这些困扰你的事情中最糟糕的部分上，觉察你的想法，看一看你的负性信念是什么，然后填入表中。

填完表 6-2 后，你看到了影响你的负性信念。关于这 3 件事，你的负性信念是一致的，还是不同的？如果 3 件事背后的负性信念都是同一个的话，此时你可能已经意识到了，为什么你在生活中的某些情况下会变得高敏感。

表 6-2　事件－信念－反应记录表

困扰的事	主观 痛苦程度	负性 信念	情绪	身体 反应	行为
（示例：） 我在网上买东西。 同样品质的东西， 我最后居然买到了 最贵的。别的店这 个东西都卖 50 元， 而我花了 80 元! （这个具体数额大家 可以根据自己的在 乎程度调整。）	5	我是个愚 蠢的人。	懊恼	胸闷	和姐妹们反复 唠叨这件事， 达到了祥林嫂 的程度。
事件 1：……					
事件 2：……					
事件 3：……					

在寻找负性信念时要注意以下几个方面。

第一个注意点是：在寻找负性信念的时候，要注意区分客观描述和负性信念。

有关自我的负性信念指的是，普遍能让我们产生高敏感反应的、对自己产生负性评价的想法。这些想法会引起我们比较强烈的负性情绪，它并不是对我们过去的经历或事实的客观描述。

比如，当我们考试失败的时候，如果你的想法只是"我这场考试失败了"，那么这个想法只是对这件事的客观描述；但如果你的想法是"我真是愚蠢""我一辈子都完了""我永远得不到我想要的"，那么，这些想法就是负性信念。再比如，当恋人来和我们说分手的时候，如果我们的想法是"他觉得我们不合适"或者"他不爱我"，那么这是一种对这件事的客观描述；但如果我们的想法是"我毫无价值""我不值得被爱"，那么这样的想法就是负性信念。我们可以看到，"客观描述"通常只描述事件本身，但"负性信念"却给一个人定了性，从根本上否定了一个人。

此外，负性信念是一个人基于过往经历得出的、包含情感的、对自我的一种概括性评价，而不是简单地对情绪的描述。还是以恋人和我们说分手这件事为例，类似"我毫无价值""我不值得被爱""我很可悲"这样的想法就是负性信念，而"我很难过""我很伤心"这样的表达只是对情绪的描述。

第二个注意点是：我们寻找负性信念的时候往往会遇到一些困难，导致我们不会去寻找自己更深层次的想法。我们会觉得对某些事的情绪反应是顺理成章的，从来没有意识到我们的情绪是受内在信念影响的，因此不肯花时间去觉察自己的想法。

要想使自己的高敏感反应有所改变，你就需要不仅仅停留在负性情绪上，还要去觉察自己的负性信念。

比如我自己，好多年前有很长一段时间，一遇到下雪天就会心烦意乱。通过回忆，我发现，我在下雪天心烦意乱这种情绪最初出现在我上中学的时候。为什么呢？因为那时候我需要骑自行车上学，而下雪天，路上就会结很厚的冰，我非常容易摔倒。一想到自己摔倒后那个狼狈不堪的样子我就无法忍受。如果我认为下雪天就该心烦意乱，我就不会去寻找我的负性信念。但是我注意到，我的同学们在下雪的时候也要上学，他们就没有心烦意乱，而我家里的姐妹们也没有为此心烦意乱。看起来，下雪天心烦意乱是我自己产生敏感反应的一个点。后来上班后，下雪天也让我心烦意乱，原因是一样的，虽然这时候我改走路了，但是也有滑倒的可能。

为什么下雪天路滑摔倒，对别人来说没那么大的影响，而对我来说影响就这么大呢？

我通过思索意识到，原来我特别在意自己的形象，我不能接受自己不够美、不够好的样子，也不能接受自己犯错，所以影响我的那个信念其实是"我必须是完美的"。接下来我发现自己在这个负性信念的影响下，在很多场景都会产生不良反应。比如有合作方邀请心理学相关人士参加一些活动，我的同行会非常踊跃地参加，可我却总是胡思乱想，犹豫不前，或者参加后也紧张焦虑，无法平静。因为我的想法是，我必须确信我可以完美地完成这个任务，才可以去做这件事，或者才能安心。但是，一个人怎么可能保证自己总是完美的呢？就算你技术水平再高，生活中也会发生这样或者那样的意外。如果我坚持必须完美地完成每件事，不允许自己有犯错和改错的机会，那么结果只能是什么都没办法做。

这个负性信念也会影响我的人际交往，因为当我觉得如果我不能表现得完美时，我就不去参加某些社交活动。事实上，这确实造成了我很少参加社交活动的后果，显然减少了我和他人进行情感交流和产生联结的机会，对我的心理健康不利，也使我越来越缺乏社会支持。毕竟，就像"你不理财，财不理你"一样，你不理人，人也不会来理你。

因此，当某些事引起我们的负面情绪反应时，我们如果想帮助自己，第一时间就要放弃"在这种时候，我心烦意乱、愤怒或者害怕是理所应当的"这样的想法。我们可以看看遇到同样的事的时候，别人的反应是什么。如果别人都没这些情绪反应，只有我们自己有，那么，我们最好还是先停下来，尝试寻找一下自己的负性信念。

第三节

正性信念

我们因为某件事产生了高敏感反应后，如果找到了带给我们高敏感的那些负性信念，就相当于抓住了教唆我们的小魔鬼。这时候，我们如果能把这些负性信念替换成能让我们产生积极反应的认知——姑且把它们称为正性信念，就相当于把小魔鬼赶跑了。

对应表6-2中的那些负性信念，可以参考的正性信念见表6-3（见下页）。

如果把对这件事的负性信念转变为正性信念，我们就不会在这件事上表现得过分敏感，出现不恰当的情绪和行为反应了。

比如现在的我，一直在逐步接受自己的不完美。我尝试着在

表 6-3　负性信念 - 正性信念对应表

常见负性信念	具体表达方式	负性信念对应的正性信念表达方式
觉得自己有缺陷 （价值感方面）	我不值得被爱 我微不足道 我不够好 我是个糟糕的人 我不如别人 我很愚蠢 这是我的错 我不可以被原谅 ……	我值得被爱 我是重要的 我现在这样挺好的 我是个挺好的人 我可以做我自己 我足够聪明 我可以从中学习 我可以原谅自己并向前看 ……
觉得自己不安全 （安全感方面）	我不安全 我处于危险之中 我无法相信任何人 我流露感情是不安全的 ……	我现在是安全的 这件事已经过去了，我现在很安全 我知道该相信谁 我现在流露感情很安全 ……
觉得自己缺乏力量或缺乏控制感 （控制感方面）	我无法控制局面 我很弱小 我孤立无助 我必须完美 我无法成功 我得不到我想要的 我无法为维护自己的利益挺身而出 ……	我可以控制局面 我现在是有力量的 我现在有很多选择 我可以犯错 我可以成功 我能得到我想要的 我能合理地表达自己的诉求 ……
缺乏归属感 （归属感方面）	我是个异类 我是孤独的 我不被任何人需要 我无处求助 ……	我能融入集体 我有关心我的人 有人需要我 我可以寻求帮助 ……

注：本表改编自 1990—2010 年 EMDR 机构和费朗辛·夏皮罗博士的《负性和正性认知表》。

自己犯错后对自己说："你是可以犯错的。你可以从错误中学习。"我会主动拿那些犯过错后仍然能正常生活，甚至能有所成就的人物故事勉励自己。我还意识到，世界上没有人可以不犯错。越伟大的人越敢于实践，而在实践的过程中，就难以避免会犯错。但是，这些人并不过分为他们的错误长吁短叹，也并不会因为犯了错就止步不前，而是选择改正错误，在错误的基础上不断地向正确靠近，最后都为人类做出了贡献。比如科学技术方面的伟大发明家爱迪生；再比如我国历史上的革命者，他们前赴后继，终于寻找出了适合中国的解放道路。由此看来，犯错根本不影响他们为人类做贡献。

我还发现，在我犯错之后最不能原谅我的人，其实是我自己。往往身边其他人都忘了这件事，甚至从一开始就对这件事毫不在意的时候，只有我自己在懊恼。而懊恼除了浪费我的时间，让我自己痛苦，给我、给别人、给社会带不来任何东西。

当我接受了自己不必完美，可以犯错后，现在的我如果遇到下雪天需要做面询的情况，要么会提前和我的来访者商量改约，等路况好转了再出去，不再做一个完美出勤的工作者；要么就会做好在路上摔不止一个跟头的准备，带上我的替换衣服，摔倒了也不要紧，爬起来继续走就好。我不再像从前那样，一看见下雪就心烦意乱，而把精力放在了如何解决这个问题上。奇妙的是，我的朋友们也感受到了我的变化，他们说我变得柔和了。

我们之前提到的自强女士，在寻找相关的正性信念时，回想起了当她长大一点后，如何帮助妈妈干活；再长大一点后，又如何自己找工作补贴家用。通过这些回忆，她确定了取代目前"我是个累赘"的负性信念的新想法是"我是个礼物"。当对自己有了这个新评价之后，她忍不住潸然泪下，再想到建立亲密关系这个问题时，她的情绪就不再像从前那样容易沮丧焦虑了。

当然，改变负性信念不是那么容易的。就像一个人，如果从小见到别人朝他伸手就是来打他，现在你非要告诉他说"现在这个人伸手是要抚摸你的"，他怎么能立刻相信呢？他脑中的神经通路已经把"别人伸手"这个信号和进行"躲避"或"还击"的反应结合起来了。这个神经通路工作了那么多年，现在要让他把这个神经通路换成"别人伸手就意味着别人来和我表达善意的，可以做出相应表达善意的反应"，必须经过反复觉察、练习和坚持才可以。

为了加深我们的觉察，让我们更好地理解当前的反应和它背后诉说的那些内容的关系，我将在接下来的几章里，通过一些具体的例子继续介绍如何提高对负性信念的觉察和对正性信念的确立。

第七章

思考：
追求完美，害怕失败怎么办

在之前的章节里，我们提到了"影响人们情绪、生理反应、行为的，不是人们遇到的事件本身，而是人们遇到事情时产生的想法，也就是人们对事件的解释。"这涉及人们持有的信念，而引起人们不良情绪的信念就是那些负性信念。如果能将这些负性信念转变为正性信念，我们的情绪和行为也会发生相应改变。

在接下来的这四章里，我会针对高敏感引起人际交往困难的几种常见情况，来介绍对负性信念的寻找和对正性信念的确立。

这几种常见情况包括：

第一种：纠结 —— 追求完美，不愿出错。

第二种：小心翼翼 —— 担心被拒绝。

第三种：妥协 —— 担心被攻击，在关系中过度妥协。

第四种：消沉 —— 感受不到人生的乐趣。

先来看第一种"纠结"。在人际关系中，或者在工作或生活的选择中，很多人常常会纠结不已，比如小纠结先生。

小纠结先生遇到一些比较大的需要做决定的事时，会犹豫不决，恨不得向身边每一个认识的人都讨教什么才是正确的。他在谈恋爱的时候，遇到两个女孩子。一个主动对他好、但他不怎么心动；另一个他很心动，但对方比较冷淡。这两个女孩该选哪个呢？他一直委决不下，最后，那个主动追求他的女孩成了他的女友，但是没过多久，这段关系就结束了，因为对方痛恨他的不热情。

大家可以看到，在恋情的建立和结束上，小纠结都做不了那个主动做决定的人。这样的人际互动方式在他的生活中不断上演。不管是在爱情中还是在友谊中，除非痛苦到极点，他才有可能主动提出结束。在和朋友或者同事交往的时候，有时候别人不经意的一句话，就会让他情不自禁地胡思乱想。他想自己是不是哪里没做好，别人那句话是不是说给他听的。

最近一次让小纠结苦恼的事是，公司要开展一个项目，领导和他谈话，示意有可能把这个项目交给他主管。小纠结一方面感到激动，觉得这可能是个发展的好机会；另一方面又非常焦虑，觉得自己万一做不好，就会被大家嘲笑。这两个念头在脑海里不断冲突，让小纠结连续失眠了两个晚上，最后他找到了心理咨询师帮助自己。一般来说,"纠结"这种情况往往和负性信念"我必须是完美的"有关,虽然有时候我们自己都意识不到自己有这样的信念。

小纠结先生就是这样一个有着"我不能犯错,我必须完美"信念的人。在这种信念的影响下,我们会对自己要求很高,不能接受自己犯错;在人际关系中,我们会对别人对我们的评价高度敏感,当感觉自己做得不是足够好时反复后悔、懊恼,后悔事情为什么会发展成现在这样,恨不得过去的事都没发生,一切都能重新再来一遍。这种心理状态就像我们前文说的心理短片里的那个困在高速路上的男人一样,他每天都沉溺于自己的悲惨遭遇,纠结已经发生的事,无法离开那条高速公路,也无法开始新的生活。

第一节

寻找负性信念的来源 —— 过往的记忆

小纠结先生来找心理咨询师后，咨询师带领小纠结完成了以下的工作。

1. 先确定了令他感到困扰的事 —— 为承担项目纠结。

2. 这件事中小纠结认为最糟糕的部分是：万一我做不好，会被大家嘲笑。

3. 能代表这件事最糟糕部分的画面：大家嘲笑的目光，或者大家在背后的窃窃私语。

4. 他的情绪是羞愧。

5. 身体的感觉是全身都不自在。

6. 引导他想象那个画面，体会羞愧和身体不自在的感觉。对照我们上一章的负性信念表，小纠结感到"我必须完美"这样的描述最符合他的心态。

7.引导他想象那个能代表这件事最糟糕部分的画面。咨询师一边让他想"我必须完美"这个负性信念,一边引导他将思绪往童年的方向发散。小纠结脑海中浮现出了一个记忆。

这个记忆给他带来的感受和他担心项目失败产生的感受是一模一样的。那件事发生在他5岁时,当时他还没有上小学,但比他大几岁的姐姐已经上学了,小学就在离他们家一两百米的地方,所以小纠结经常能看到姐姐在上学、放学的路上系着红领巾向老师敬礼的样子。有一天放学后,姐姐没准时回家,妈妈让小纠结去学校找她,小纠结一路上遇到几个老师,就学着姐姐平时的样子向老师们敬礼。没想到回到家后,姐姐一进门就放声大笑,带着一种嘲笑的口吻向妈妈叙述刚才的事情。在姐姐的笑声中,他感到非常羞耻。他接收到了"他做错了,非常可笑"这样的信号。想起这件事后,紧接着,他又想起另一件事,也是他认为自己做得很好、却被姐姐在全家人面前嘲笑讽刺,同时没有人来制止姐姐、抚慰他的经历。

想起这两件往事后,小纠结又想起了类似的一些记忆。虽然这些记忆中嘲笑他的人不再是姐姐,但是相关的负性信念、情绪和身体感受是一样的。小纠结意识到,自己目前的状况和过去的这些记忆是密切相关的。过去并没有真正过去,而是依旧以他觉察不到的方式影响着他的人际关系和个人发展。过去那种被嘲笑时深深的羞耻感印在了他脑海中，影响着他的情绪和整个身体。

正因为这些记忆还在影响他，他才在做一件事情之前，为了避免再次被嘲笑，反复衡量怎么做才是对的；在做完一件事之后，他也会反复衡量是不是做对了；在他认为自己做错了事后，即使并没有人责备他，他也会陷入痛苦懊恼中，不能释然。

正因为这些过往记忆还在影响他，所以那些不容易激发别人情感反应的事件才会激发小纠结先生的纠结和懊恼，让他不敢尝试，不敢创新，只努力做到不犯错。他画地为牢，住在一个思想被束缚住的无形牢笼里。小纠结如果要走出牢笼，就需要重新处理这些过往的记忆。

在这里需要提醒大家的是：不知道大家注意到没有，我刚才说要处理的是"过往的记忆"，而不是说处理"过去的事"。这是因为，记忆并不等于事实。记忆是人们将接收到的信号经过加工储存在脑中的信息。对于同样的事，每个人接收到的信号是不同的，这和每个人的视角、立场、偏好等因素有关。对于接收到的这些信号，人们加工的方式也是不同的。这就像对于同样的食材，每个人加工过后，最后端上饭桌的食物未必一样。例如食材都是鱼，有人红烧，有人做凉拌鱼皮，有人做酥炸鱼骨。

对于过去发生的事，我们记住的只是我们以为的"事实"，但是如果让当时其他在场的人复述的话，事情就可能是另一个样子。所以，我们在这里要寻找的不是事情的绝对真相。我们只需要明白：影响我们的，是我们相信的那些"事实"，也就是我们的记忆。要应对我们的高敏感，需要处理的就是这些影响着我们的记忆。

现在小纠结找到了引起他纠结的负性信念"我必须是完美的"，也找到了"我必须是完美的"这个负性信念的起源——那些和姐姐有关的过往记忆。那你呢？你现在是否也能通过之前完成的表格确定那些困扰你人际关系的事件，并根据那些事件一一找出相应的负性信念呢？如果你的负性信念也是"我必须是完美的"，那你现在能找到最初引起你负性信念的早期记忆吗？如果找到了，请你记录这个记忆，同时标上你的年龄，以及你感到的主观痛苦程度的分值。你也许想起了不止一件与之相关的事情，那可以把它们一一列出来。你可以使用小纠结上面使用的方法，来捉住那只影响你的小魔鬼。

也就是，你先确定当前让你困扰的事件是什么，找到对你来说最糟糕的部分，确定能代表这个部分的画面，然后结合这个画面，寻找对应的负性信念，感受你的情绪，注意你的身体感觉，追根溯源，看看哪些记忆会浮现在脑海中，记录下这些过往记忆。这个方法在心理咨询的 EMDR 疗法（Eye Movement Desensitization and Reprocessing，眼动脱敏再加工疗法）中被称为"回溯技术"。

注意：你回想起过去的那个记忆是自然出现的，它使你产生的情绪、身体反应以及负性信念（如果你能找到的话）和现在遇到同样情况产生的反应都是一致的。

现在，如果你已经把相关的记忆记录下来了，就请你花点时间，好好回想自己发现的一切。当你查看早年的种种经历时，你有没有意识到这些事情是怎么一直塑造着你的神经通路，激起你的各种反应的？你是否能看到这些记忆至今还在用各种方式束缚着你，影响着你的现在，使你就像那个下不了高速公路的男人？

还记得那句话吗？一朝被蛇咬，十年怕井绳。当被蛇咬的这个记忆没有得到全面、妥善的处理时，这个记忆就会影响你当前的生活。每当看到类似蛇的信号，比如草绳时，我们就会受到触动跳起来，产生高敏感反应。

第二节

重新解读过去的记忆

那我们如何处理过去的这些记忆，避免它对我们产生不良影响呢？

首先，请记得做放松训练：试着放松呼吸或寻找内在安全／平静之所。在情绪波动大的时候，使用这些技术帮助你进入合适的状态。

其次，请注意"情绪"这个信号兵。和"我必须完美"这个信念对应的情绪常常是"羞愧"。我们往往不能靠痛哭或表达愤怒的方式来释放"羞愧"这种情绪，而且因为我们没有达到内心给自己制定的标准，有时我们还会自己攻击自己，用言语或行为伤害自己。不仅如此，羞愧还让我们封闭自己，不相信自己，不敢和他人交往，不敢对一些事做出判断、做出选择。但是请注意，以前那些让我们感到羞愧的事情向我们传达的信息不一定是真的，但我们却当成了真的。

比如小纠结的姐姐嘲笑他，这个行为传递的信息仿佛是"小纠结，你做错了，你的行为太丢脸了"。然而，这只是姐姐的想法，或者是姐姐刻意想让小纠结相信的。如果换人来看这件事，比如那些小学老师，他们可能会想："这个孩子模仿他姐姐的样子真天真，他多可爱啊！"

就像小纠结一样，以前因为接收那些错误信息，我们在无意识中形成了关于自己的内在负性形象。这使我们在应对外界事件时变得很敏感。现在，我们可以把"羞愧"这种情绪当作信号兵提醒自己："这不是真的！"

当你发现自己感到羞愧时，或者感到心里有另一个声音不断对你说"啊，你会犯下天大的错误，你本身就是个天大的错误"等让你感到不安和羞愧的话的时候，你可以提醒自己"那个爱说谎的小魔鬼又来了"，而不是继续受这些错误信息影响。

再次，可以运用一些心理技巧。我在这里向大家介绍一个可以帮助我们应对困窘局面的心理技巧——卡通角色技巧。当你感到苛求你完美的那个小魔鬼又在对你说话时，你可以想象一个说话声音特别好玩的卡通人物——比如唐老鸭、海绵宝宝或者灰太狼陪你。总之，找一个在你的记忆中能让你开心的卡通形象；然后闭上眼睛，想着那个不停批评你的声音，注意你的身体发生了怎样的变化；接着想象这些声音是这些卡通人物发出的，注意一下会发生什么。现在请你尝试一下。对大多数人来说，和这个声音一起出现的那种令人不快的感觉会消失。如果这个技巧能帮助你，你可以从现在起就经常试着运用它了。

最后，重新解读过去的记忆。对于"我必须是完美的"这个负性信念，我们在生活中可能首先意识到的不是这句话，可能首先意识到的是下面这些："我不能冒险""为了避免被大家否认，我需要做一些自己不想做的事""对于某某事，我完全是令人失望的""如果我的生活中出了什么差错，那一定是我的错"等等。

当用本章第一节提到的"回溯技术"找到那些相关记忆的时候，你可以用现在的眼光来看一下，造成你这些想法的事件有没有其他解读方式？你现在能用什么样的正性信念来替代过去那个让你羞愧的负性信念？

比如，小纠结对过去那个记忆的重新解读如下：他意识到当时他的姐姐也是一个小孩，而小纠结因为年龄小，在家里受到父母的宠爱和照顾多一些，小纠结妈妈平时还会说一些姐姐不如他的地方，这些父母和小纠结都没留意的地方对他的姐姐是有影响的，姐姐也想得到父母的夸赞。因此，当能找到小纠结一些所谓的缺点的时候，姐姐是极其开心的，一方面，她需要抓住这些机会在父母面前不遗余力地攻击小纠结，这样就能显示出小纠结也没有父母以为的那样好，似乎这样就能显示出她的好，以此拉平姐弟俩在父母心目中的地位；另一方面，对小纠结攻击也能舒缓姐姐的嫉恨，虽然姐姐自己也未必意识到这些嫉恨。

当小纠结意识到这些的时候，他释然了很多。因为他知道，孩子都需要父母的爱，姐姐不是故意的。在小纠结这么多年的生活中，他的姐姐在很多事上都关爱着他。在小纠结遇到困难的时候，她通常都是第一个站出来帮助他的人。当想到这些的时候，小纠结决定原谅当年那个嘲笑幼小的他的姐姐。另外，小纠结也从其他人的视角，比如从老师的视角重新解读了这件事。小纠结不再把这件事看得那么严重，决定释放那个幼小的、被羞耻感裹挟的自己，放自己走出那个自己给自己打造的牢笼。

第三节

寻找合适的正性信念和对应的积极的经历

　　为了让自己更坚定，小纠结回忆了这么多年来他真正做错事情的后果。他发现，虽然有时候他确实做错了事，但别人根本注意不到；有时候当他为做错事百般懊恼时，别人还会过来安慰他；还有些时候，即使他做错了事，也没出现他原本以为会出现的那些可怕的后果。

　　他意识到，只要自己把注意力放在如何前进，而不是懊恼过去上，就会不断前进。他甚至想起来，目前他从事的工作其实一开始是全家人都反对的，但是那一次他出乎意料地坚持了自己。虽然也犹豫、纠结了很久，但最后他还是宁肯被人嘲笑也坚持了这个选择。几年下来，事实证明，他很适合这个工作。

当小纠结先生回忆起这些的时候，他对自己的想法不再是"我必须完美"，他开始相信"我是可以犯错的"。咨询师继续询问小纠结：当时是什么力量促使你做了换工作的决定，没有再继续纠结下去呢？小纠结回忆后回答："一个原因是当时那个工作太让人痛苦了，我觉得再做下去，我不是会发疯就是会跳楼，我不想那样过一辈子，所以必须换工作；另一个原因是我知道了'褚橙'的事。在知道'褚橙'之前，我佩服过褚时健，也为褚时健惋惜过，觉得他因为犯错入狱，这一辈子都完了。但是，当我得知他又做出了'褚橙'时，我意识到，褚时健之所以会成为褚时健，就在于他敢尝试，不怕犯错，也不会因为犯错误就认为自己一辈子都完了。而且他都70多岁了，仍然这么有热情，有勇气。我深受鼓舞，觉得一切从头开始也没问题，我也可以给自己一个机会。"

小纠结做的这些事情，就是在寻找支持自己新的想法"我可以犯错"的积极记忆。这些积极记忆过去被小纠结严重忽视了，现在在有意识地专门整理的过程中，小纠结的信息系统得到了更新。他发现没有人是完美的，而他不完美也没那么重要，他可以不完美，可以犯错。其实时至今日，小纠结的姐姐仍然会在一些事上跟小纠结有不同意见，会因为小纠结做的一些事嘲笑他。但是随着小纠结的记忆系统更新，他不怕犯错的态度渐渐变强，越来越能心平气和地和姐姐对话，姐弟俩的关系比从前更亲近柔和了。

如果你发现经常影响你的负性信念也是"我必须完美"，那么，现在你可以试着寻找属于你的对应"我可以犯错"这个信念的积极经历，不管是过去的，还是现在的。寻找那些能支持你正性信念的人和事，把这些资源一一写下来。在你纠结的时候，看看这些资源，看一看，你会不会发生什么改变。有时候，负性信念在我们脑海中作用的时间太长了，我们仅仅在认知层面做出改变还不足以帮我们把小魔鬼完全赶出去，在下一章，我会介绍一种结合身体的练习，帮助我们更有力地驱赶那个小魔鬼。

现在，我们先做好本章的练习。还记得之前我们提到的高敏感的人需要更细心呵护吗？我们需要慢慢改变。在你回想起那些不愉快的记忆时，如果觉得有需要，记得做个放松练习，让自己恢复平静。

第八章

面对：
如何克服害怕被拒绝的恐惧

关于人际关系高敏感，除了上一章中小纠结先生的情况，还有一种情况是，一个人处于人际关系中，时刻小心翼翼，被紧张和焦虑充斥着。比如小紧张女士就是这样。

小紧张今年 32 岁，是一名高校教师。她毕业于国内排名前三的重点大学，身材匀称，相貌清秀。她上的课挺受同学们欢迎，她和同事们相处得也可以。目前建立一段恋爱关系是小紧张最需要应对的事情，但是一想到这个事情，她就非常不安。小紧张在日常生活中、工作中跟男同事基本可以正常交往，但一提及要相亲或者去接触陌生的男性，她就很紧张，不知道说什么、做什么才是合适的。

小紧张最近注意到一件她自己都觉得自己是高敏感类型的人的事件，她把这个事件命名为"地铁事件"。具体情况是：前天她坐地铁去上班的时候，地铁里比较挤，她只能站在车门口。在某一站一个年轻的高个子男士拎了一个很大的行李箱上来，小紧张女士主动避让了，但还是被那个男士撞了一下，然后那位男士低声嘟囔了两句话，小紧张女士没有听清男士说的什么，但结合那位男士的面部表情来看，她认为那位男士是在抱怨她，嫌弃她避让得不够及时。

虽然在之后的地铁行程中，他们两个人没再发生互动，但是小紧张女士一路上都非常沮丧、委屈，还感到一点恐惧。小紧张女士觉得自己这种反应已经超出了常人的反应，因此去寻找心理咨询师的帮助。

咨询师陪伴着小紧张女士进行了类似和小纠结先生一样的工作，首先确定她在此类事件中的负性信念，然后寻找这些负性信念的可能来源。毕竟，一个人刚刚出生来到这个世界的时候，连自己是男是女都不知道。有关他的性别、他的美丑、他的好坏等具有评价性的信息，都是外界反馈或者灌输给他的。

第一节

溯源负性信念

咨询师陪伴着小紧张女士按以下流程进行工作：

1. 先确定最近引起她困扰的事 —— "地铁事件"。

2. 确定这件事中小紧张认为最糟糕的部分：那个年轻男人对她嫌恶。

3. 能代表这件事最糟糕部分的画面：那个年轻男人嫌弃、怨恨的面部表情。

4. 她想着这个画面感受到的情绪是委屈、沮丧、紧张、羞愧。

5. 她的身体感觉是脸颊滚烫、后背燥热。

6. 想着那个画面，体会自己的情绪和身体的感觉，小紧张女士心里冒出来一句话：我不可爱。小紧张认为，如果她是可爱的，那个男人就不会那么粗鲁地对待她，即使她真的避让不及时，那男人也不会介意。

7. 想着那个能代表这件事最糟糕部分的画面，同时想着"我不可爱"这个负性信念，体会自己的情绪和身体的感受，让思绪往童年的方向自行发散，小紧张脑海中浮现了一个记忆。

那时候她还没有上小学，经常跟邻居的两个小朋友一起玩。两个小朋友，一个是女孩小青梅，另一个是男孩小竹马。有一天小竹马带来一只刚刚死去的小鸟，小紧张觉得这只小鸟非常可怜，想把它埋葬了，就问可不可以把小鸟给她。没想到这时候小青梅也想要，小竹马很为难，过了一会儿他提出一个解决办法：让两个小女孩赛跑，谁先跑完 50 米，就把小鸟给谁。

小紧张听到这个条件开始为难了，因为她从小和身边其他孩子比，是运动能力最差的。她觉得这就是小竹马不想把小鸟给她的借口，但她还是想尽力一试，她心想：也许会出现奇迹呢。可是当小紧张竭尽全力地往前跑了不到 5 米的时候，小竹马忽然迅速把小鸟丢进了身边的下水道里，小紧张在那一瞬间放声大哭。一方面因为愿望实现不了了，另一方面她觉得自己被辜负、被深深地欺骗了。在小紧张心里，小竹马和她的关系要比他和小青梅亲近，要不然刚才她也不会有勇气向他要那只小鸟。可是小竹马居然用这种方式拒绝了她。

小紧张把这件事归结为是她不够可爱造成的，因为她不够可爱，所以小竹马才没有坚定地站在她这边。当小紧张叙述这件事的时候，虽然事情已经过去了 20 多年，但她依然不由自主地眼泪汪汪。过去的某些事情从来没有真的过去，它带着当时发生时伴随的伤痛、情绪、想法和身体感觉埋藏在我们大脑的记忆网络中。这是不是小紧张在生命中第一次感到自己不够可爱呢？随着继续回想，她的眼泪突然更加汹涌，她说："不是的，这不是我第一次觉得自己不够可爱——我从生下来就是不可爱的，就是不被欢迎的。我不被我的妈妈喜欢。我的妈妈想要一个男孩子，而我是一个女孩。我的妈妈以我为耻，她希望我不要降生在这个世界上！"

接下来，小紧张向咨询师讲述了更多让她觉得自己不可爱的过往记忆。正如我们之前所述，人们的负性信念来自过往的记忆，但是，这些负性信念未必符合事实。回顾小紧张的个人情况，我们可以看到：她是高校教师，身材匀称，相貌清秀，讲课受同学们欢迎，和同事们相处得不错。这些情况反映出她的性格很好，能力很强，一般这样的女性即使没有很受欢迎，至少是具备一定程度的吸引力的，然而小紧张却不这样看自己，或者说，即使她看到了自己这些现状，也无法发自内心地认为自己不错。她持有的看法，不是对事实的描述或反映，而是发自内心对自己的负性看法。这个看法时时刻刻地影响着她。

当一位女性发自内心地坚信自己不可爱时，她一旦要和有可能建立亲密关系的陌生男性打交道时，她难免会紧张不安。小紧张女士如果能够改变这种负性信念，比如，坚信自己是可爱的，那么，在和陌生男性打交道这类事件上，她就会放松很多。

再次强调：记忆不是事实。记忆只是我们从过往事件里获得的信息。我们因为过往事件产生的负性信念来源于别人给我们传递的消极信息。我们对自己的负性信念都是环境传授和反馈给我们的，是我们学来的。学来的东西如果现在还能帮到我们，我们就继续保持；学来的东西如果现在已经开始阻碍我们了，我们就要改变。这就像我们在学校学习，如果做错了一道题，可能是我们记诵知识点出错了，再去记正确的知识点就可以了。小紧张也是一样的，她过去的记忆给她带来了目前的问题，那么更新这些带来问题的记忆就有可能解决她的困扰。

第二节

赋予过往记忆新解释

那么如何更新这些记忆呢？先来看一看有没有关于过往这些记忆的新解释。

当小紧张继续回忆那件有关小鸟的事情的时候，她想起这件事好像并不是以她大哭着回家结束的。她哭了之后，小竹马变得慌乱，然后好像安慰了她，并且想办法用一根树枝把那只小鸟从那个干涸的下水道中取出来了。最后他们三个人一起为这只小鸟举行了一个安葬仪式。

如果事情是这样的话，小紧张觉得她也不是完全不被人在乎的。当她哭了之后，小竹马显然不是无动于衷的，他采取了补救措施。从小竹马一开始的反应看，只能说，他既在乎小紧张又在乎小青梅，想两面都不得罪。小紧张不像她自己想的那样不被人在乎。

然而回想起这些的时候，小紧张又有些无法确定埋葬小鸟这件事和小鸟被丢进下水道这件事到底是不是同一件事。毕竟大家都是从小一起长大的，经历的童年往事太多，也可能是她自己弄混了。不过，她随即想起了其他和小竹马之间能确定的事。她记得后来上大学后，小竹马还来家里看望过她不止一次，虽然当时小竹马很害羞，没说几句话就走了。现在回忆起这些时，小紧张意识到，过去她似乎过度注意了自己不被人在乎的部分，从而一直强化"我是不可爱的"这个认知，而那些"我是可爱的，是被人在乎的"的事实部分，无意中被她忽略掉了。

而对于"自己是被母亲嫌弃的"这个认知，小紧张也记起了和这个认知相反的几件事。比如在读初中时，有一次她在学校和同学准备演讲比赛的稿子，因为准备得太认真了，晚自习结束一小时了她还在学校，突然教室的门被敲响了，她打开门一看，门外站着的居然是她的母亲。

然而，这种"对于消极经历格外在意，记忆深刻，对于积极经历却记不起来"的模式实际上不仅仅发生在小紧张一个人身上，很多有过创伤性经历的人的反应都是这样。

这是因为，我们的大脑系统是以纠错为原则工作的，每天外界的信息太多了，颜色、声音、图像、事件，这些都是对大脑的刺激，如果大脑要对这些刺激一一反应，认真处理，会死机的。

为了避免死机，大脑会特别注意那些不正常的信息，也就是能让人感到痛苦的信息。这就像平常身体不疼不痒的时候，我们不会对身体进行特别呵护。往往是哪里疼了、痒了，我们才注意它，看能做点儿什么。

所以，那些给我们带来痛苦的记忆会被重视、被记住、被防范，那些正面的、积极的经历会被忽视。这就需要我们不断提醒自己：注意痛苦虽然很有必要，会让我们想着如何解决或防范它们，以保证我们的安全；但注意那些积极的记忆也很重要，因为如果没有这些积极的经历给我们带来的温暖和快乐，我们就相当于没有得到任何滋养和支持，我们迟早会枯萎。

容易在人际关系中产生高敏感、不良反应的人，除了有"对于消极经历格外在意和记忆深刻，对于积极经历却记不起来"这种表现，往往还有另外一种表现，那就是"对创伤的经历容易想起来，容易产生情感反应，且容易陷在消极的情绪之中；但对积极的经历，即使想起来了，也缺乏相应的积极情绪"。

凯西·马奇欧迪（Cathy A.Malchiodi）主编的《儿童心理创伤治疗》一书中对大脑的研究或许可以解释这种现象。该书介绍了希佛（Schiffer）及其同事对大脑半球做的研究。希佛等人安排了有创伤历史的受试者和没有创伤历史的受试者完成同样的任务，也就是，让受试者"先思考中性的、和工作相关的记忆，然后思考一段不愉快的早年记忆"。同时，受试者在完成任务时大脑半球的活动情况被记录了下来。结果发现：没有创伤历史的受试者，回忆起早期不愉快记忆时，大脑左、右半球都没有被激活的现象；而有创伤历史的受试者，在思考中性记忆时左半球被激活，在回忆早期不愉快记忆时，右半球被激活。

劳赫（Rauch）等人使用 PET（正电子发射计算机断层显像）扫描研究有创伤应激障碍的患者时发现，当这些患者详细描述他们经历的创伤时，大脑右半球和情绪相关的杏仁核等部位出现了自动唤醒情况，伴随着高强度活动，与此同时，他们大脑左半球和语言相关的区域是"关闭"的。根据穆恩（Munn）（2000）的研究，大脑的右半球控制着感觉、知觉，以及二者之间的整合，并负责处理与社会、情绪相关的输入信息。这些研究表明，人们被创伤经历影响时，左右脑的功能会失去平衡，出现情感和认知不协调的情况。如果我们能激活大脑，让它对我们那些积极的记忆也有反应，就有可能实现对记忆的感觉、知觉的重新整合。

第三节

回忆积极经历，确认正性信念

　　在重新激活大脑之前，我们需要先树立"我们的不良情绪有可能改变"的正性信念。过去已经发生的事虽然是不可以改变的，但是，我们对自己的想法是可以改变的。既然小紧张现在的负性信念是"我不可爱"，那么，现在想着"地铁事件"中最糟糕的那部分，想着各个创伤记忆，小紧张希望自己是一个什么样的人呢？

　　小紧张希望自己是可爱的。也就是说，她可以用来替代目前自己持有的负性信念"我是不可爱的"的正性信念是"我是可爱的"。那有什么证据能让小紧张相信自己是可爱的呢？

　　如果没有任何客观的证据，只是每天凭空大喊"我是可爱的"，小紧张的信念恐怕不会发生任何改变。除非能寻找到支持

"我是可爱的"这个信念的积极经历，小紧张的负性信念才有可能改变。

于是小紧张开始回忆，寻找证据。当回忆起自己和男性交往的过往时，她惊讶地说："天啊，我想起来了，从小到大追求我的人还是蛮多的。从小学到初中，到高中，到大学本科，甚至到硕士期间都会有男性主动追求我。甚至有些男生，我都不知道他们是从什么地方知道我的，会通过其他同学来联系我，给我写信。我想可能是我参加校园活动的时候他们看到了我。我上学的时候很积极地参加各种活动，因为我非常想锻炼自己，证明自己。"

此外，小紧张还想起了自己在求学阶段多次被不止一位老师欣赏和赞许的往事。

当回忆起这些的时候，她也很惊讶。她说："好奇怪，我过去就像被蒙上了眼睛似的。这么多年我一直非常注意记住那些让我感到受伤的事，可是这些同时发生在我身上、按理说该让我感到高兴的事，我就像没看到一样。"小紧张之所以会出现这种现象，就是因为我们上一节介绍的"当被创伤影响时，左、右脑的功能会失去平衡，人们就会出现情感和认知不协调的情况。那么现在，我们怎么样才能激活大脑，让它对我们那些积极的记忆也有反应，不再理所当然地忽视它们呢？

我们可以尝试双侧刺激技术。双侧刺激指的是交替刺激身体的双侧，先刺激左侧一下，再刺激右侧一下。双侧刺激技术源自眼动脱敏与再加工疗法（EMDR）创始人、美国心理学家弗朗辛·夏皮罗女士。

1979 年，正在纽约大学攻读英语文学博士学位的夏皮罗被诊断出患有癌症，这促使她将注意力从文学转向了心理学。1987 年的某天，夏皮罗心烦意乱地在公园散步，突然注意到自己竟然不知不觉地平静了下来。回想平静前发生的事，她发现自己似乎盯着微风中摇荡的树枝，眼球飞快地左右移动了好几次。

为了确定眼球左右移动是否真的可以减少负面想法和不良记忆给人带来的困扰，夏皮罗与大约 70 名志愿者合作进行研究，最后证实了这一方法是有效的。为了最大限度地提高治疗效果，夏皮罗又做了其他大量研究，为 EMDR 制定了标准化程序，并在其著作《眼动脱敏和再加工：基本原则、方案和程序》中做了详细介绍（目前这本书最新版本为 2017 年的第三版）。EMDR 因为其实际效果显著，被包括美国精神病学协会和美国国防部在内的诸多机构推荐为心理创伤的有效治疗方法，夏皮罗也因为这项开创性研究获得了包括美国心理协会创伤组授予的创伤心理学实践杰出贡献奖等多个奖项。

在 EMDR 疗法中，有一个重要组成部分——眼球运动，即眼球从左到右来回运动。波士顿大学医学院的精神科教授巴塞尔·范德考克在其著作《身体从未忘记》中指出，人在做梦的时候，睡眠处于快速眼动（REM，Rapid Eye Movement）期。梦境对于情绪调节至关重要，因此增加 REM 睡眠可以减轻抑郁。研究者让受过创伤的人躺在 fMRI（功能性磁共振成像）扫描仪中回忆创伤事件，同时让他们不断从左到右来回运动眼球，结果发现他们的大脑活动和人处在 REM 期时的大脑活动相同。这就表明，当眼球从左到右来回运动时，大脑就在自动整合感觉和知觉信息。眼球从左到右来回运动，就属于双侧刺激的一种。

除了眼球运动，双侧刺激的方式还包括：交替轻拍自己的左大腿和右大腿；双手环抱在胸前，就像我们感到冷的时候抱着自己那样，然后两只手交替拍打自己的上臂，左手拍打右上臂，右手拍打左上臂；交替在一只耳朵和另一只耳朵边播放音乐。人们在交替刺激身体两侧的同时，回想着那些积极的经历，就能够激活大脑和积极经历的连接。

为什么能有这样的效果呢？理论上讲，这种交替刺激的过程就是不断给大脑新的刺激的过程。如果我们持续只对身体的一边进行刺激，那么拍几下之后，我们的大脑就习惯了这个刺激，不再注意其他。但是，如果我们交替拍打，就相当于让大脑刚注意了左边，又要注意右边，这时候就是在不断给大脑新鲜的刺激，使大脑注意到这些积极的经历，不能再偷懒。上述双侧刺激的方法，我们在家也可以练习，其中交叉双臂、对身体两侧上臂进行交替拍打的方法有个美丽的名字，叫作"蝴蝶拥抱"。蝴蝶拥抱这种方法是从墨西哥发展起来的，被用来治疗飓风后心理受伤的孩子，当时取得了非常显著的效果。从那之后，这个方法就开始在全世界范围内推广使用，用来帮助人们增强积极感受。

这个练习的方式如下：将双臂在胸前交叉，右手放在左肩上，左手放在右肩上，然后双手交替在两个肩膀上分别轻轻拍打，慢慢拍打6次，左右各一下为1次。

在拍打的同时，你可以想你积极的经历，想那个正性信念，比如我很可爱，感受正性的情绪和良好的身体感受随着你积极的感受不断增多。接着，你可以继续轻轻拍打两边6次。

在拍打过程中，你一定要注意自己的情绪、想法和身体感受。如果发现这些内容变成消极的，就停下来，返回你之前寻找的安全／平静之所，帮自己恢复平静。

如果这种双侧刺激的方法有效，那么你可以每天练习；如果无效，那就像我们之前说过的——当你做任何练习出现无效反应或负性反应的时候，就停下来，用前面介绍的自我安抚的技术帮助自己。

最后，小紧张女士通过对过往经历的重新解读和对积极经历的激活，确立了正性信念。当她再回想"地铁事件"的时候，她不再沮丧、尴尬和不安。她不再认为是自己不好。她认为，那个男士的行为是不合适的，他粗鲁、不领情、不讲礼貌。即使他长得再好看、再年轻也改变不了这些事实。如果以后再遇到这样的事，小紧张说："我只需要做到我应有的礼貌避让就可以了，不必在意别人的反应。"对于相亲这件事，小紧张也没那么紧张了。在以后相亲的时候，她在意的不再是对方对自己怎么看、自己怎么做能让对方满意，而更关注对方是个什么样的人，两个人是否能互相尊重，共同克服困难。

第九章

反抗：怕被攻击，
不敢发出自己的声音

在第八章中，我们介绍了小紧张女士的故事。小紧张因为感到自己是被父母嫌弃的，所以很小就牢固树立了"我不可爱"这样的负性信念，这属于一个人对自己价值感的评判。因为价值感方面存在问题，所以在小紧张只有五六岁，和小伙伴玩的时候，她就已经开始对那些能影射她不可爱的信号敏感了，并用"是因为我不可爱"这样的方式解读她日常生活中和人的交往；成年后，在和男性的交往过程中，一些小事也能激发出她相应的负性想法、情绪和身体感受。

当一个人从心底感到自己没有价值的时候，他就会像小紧张这样，在人际关系中，对很多信号高度敏感；同时，这一类人在安全感方面也很可能比其他人更敏感，容易产生"我不安全"这样的负性信念，因为害怕被攻击，不敢维护自己的权益，常常做出有损自己权益的妥协，比如小害怕女士。

小害怕女士是一个善良热情的姑娘。当她以前的一位女同事经济上出现困难，又暂时没有找到新工作的时候，小害怕女士邀请她到自己的住处暂住。不过，因为小害怕女士住的也是租来的房子，所以她告知这位同事，房东和自己有约定，不能带男人进来，女同事表示知道了。但是几天后，女同事就违反了这个约定，趁小害怕上班的时候，偷偷带男朋友来小害怕的住处吃饭洗澡，被来检查电路的房东碰了个正着。房东非常生气，打电话让小害怕回来解决问题。小害怕也很生气，她知道应该要求这位女同事搬走，虽然心里清楚该怎样做，但是行动上却觉得特别为难。她无论如何都开不了口。最后，她还是请房东出面，陪着她一起坚决要求女同事搬离。

女同事搬离后，按理说事情已经结束了，但小害怕内心却充满了不安，她非常担心这个女同事用各种手段报复自己，甚至报复自己的家人。然而她又非常明白，她的担心是多余的。做什么事都要计算成本，正常人不会为这种小事费那么大的精力，而且她的女同事也只是个普通人，没什么深厚的背景。然而，尽管想得很清楚，理智还是无法说服情绪，小害怕还是情不自禁地担心，于是她寻找了心理咨询师。

第一节

从过往的记忆寻找负性信念的来源

　　根据"我们当前的困扰有时候并非由当前的问题引发，而是由过去那些未能得到处理的、伴随着过去的事情发生时产生的认知、情绪、身体感受、一起埋藏在我们大脑网络中的创伤记忆被激活引发"的理论，心理咨询师先陪伴小害怕女士做了一些放松训练，然后陪着她进行了如前两章中介绍的那些工作。

　　1. 先确定目前让她困扰的事：担心女同事会报复。

　　2. 确定了这件事中小害怕认为最糟糕的部分是：她埋伏在暗处伤害我或我的家人。

　　3. 能代表这件事最糟糕部分的画面：她突然跳出来伤害我。

　　4. 小害怕的情绪是：紧张不安。

　　5. 身体的感觉是：心慌。

6.想着代表这件事最糟糕部分的画面，体会自己的紧张和心慌，寻找自己的负性信念，小害怕认为"我不安全，我是无助的"。

7.想着那个能代表这件事最糟糕部分的画面，想着"我不安全，我是无助的"这个负性信念，体会自己情绪和身体的感觉，让思绪往童年的方向发散，小害怕脑海中浮现出了一个记忆。

她想起五六岁的时候，有一次和小朋友们一起玩，不知为什么惹到了一位邻居大爷，那个大爷莫名其妙向他们怒吼。小害怕感到又害怕又委屈，一边和小朋友们迅速逃跑，一边在跑到感觉这个大爷追不上的地方时远远地骂了几句。小害怕本以为事情就此过去了，也没和家里人说，但是没想到，第二天早上当她还在睡梦中的时候，突然就被母亲从被窝里拎出了家门。那个大爷正气愤地站在她家院门口，要求讨还公道。过往的邻居好奇地过来围观，人数越来越多，于是她妈妈要求她当众向那位大爷道歉。

小害怕回忆起这件事的时候，心情非常凄凉，不仅如此，她还回想起更多类似的情况。她对咨询师说："我妈妈一直就是这样对我的，在我更小的时候，以及长大后的很多时候，无论遇到什么事，只要别人来说我不好，她问都不问就打我骂我，甚至有时候她自己吓得躲到一边一声不吭，让我独自去承受一切！——当我和别人发生冲突的时候就是这样的，没有人能帮助我，我必须自己扛着，我还需要保护她呢！我就是孤独无助的！"

小害怕还回想起，她的父亲也从来不是以一个保护者的身份出现的。她记起在上中学时，有一次受到校园霸凌，回家哭着对家人说这件事。一向在家里像隐形人一样的父亲忽然像头愤怒的狮子一样冲到她身边，她以为老实本分的父亲这次也被激怒了，是要来对她说一些维护她的话的，结果没想到，父亲说的是："苍蝇不叮没缝的蛋，你好好反省反省你自己吧！"小害怕哭着对咨询师说："您看，就是这样，从小每当我遇到麻烦的时候，没有人能够帮助我，没有人肯帮助我，我一直在孤军奋战，我只能靠自己，但我怎么能打得过那么多人？我怎么可能不害怕？"

当小害怕找到这些相关的过往记忆的时候，她对发生在自己身上的另一个状况突然也能理解了。她告诉咨询师说：一直以来，她都特别担心有人突然找她。别人一旦突然找她，她就会感到非常惊慌不安。现在她意识到这种不安，就跟她当时睡得好好的，却在不清醒的状态下猛然被从被子里拎出来时一样。

小害怕还说，有时候在跟人正常交往的时候，即使对方非常和颜悦色，她也会担心对方下一刻突然变脸来攻击自己，向自己大声咆哮，虽然她理智上知道这是不可能的。在回忆起童年这些经历的时候，小害怕开始能理解自己现在的这些问题是怎么回事了。

像小害怕这样持有负性信念、缺乏安全感的人，一般都伴随类似"如果我怎么怎么样，就会受伤害"的想法，即使这些想法他们未必清晰地意识到了。他们担心受到的伤害可能是身体受到的伤害，比如真的被人殴打；也可能是情感受到的伤害，比如被人抛弃，或者被人羞辱嘲笑。因为有这样的担心，他们常常在人际关系中无法维护自己的正当权益，很难对别人说"不"，平时也生活在能意识到或意识不到的焦虑恐惧当中。

本书序言中提到的舞者，就和小害怕一样，也是一个缺乏安全感的人。她常常感到焦虑、悲伤、孤独，总是感到疲劳，曾经被诊断为抑郁症。舞者有一个突出的困难，那就是，她在工作中、亲密关系中和人发生互动时很容易紧张，情绪会有很大的起伏。因为这种紧张，她很难维护自己的权益。比如有一次，她和同事合租房子，当合同快到期时，舞者找到了新的工作，计划不再续约。这时候她的同事却说："如果你不在这里住了，那我也得搬走。因为这个房子当时是租给咱们俩的，我不可能一个人继续住下去，所以，你要搬走了，就给我带来了损失，你必须给我补偿。"

舞者总觉得这位同事哪里说得不对，但是她又不能清晰地说出到底哪里不对。她想和同事据理力争，但又感到很害怕。明知同事和她一样都是独自在国外谋生，但是，不知为什么，她总觉得如果自己提出不同的意见，就有可能产生冲突。

我问舞者："如果真的产生冲突，会怎么样呢？"舞者沉默了一会儿后，回答道："我怕她打我。""她很强壮？"我问。"不是，她并不高大强壮。其实这些年我不但在练习舞蹈，还专门学习了格斗，就是因为我总觉得不安全。如果真打起来，她应该打不过我。"舞者说。理智上她知道没什么可怕的，但心里就是害怕，那么问题出在了哪里？

　　以情绪和身体的感觉为线索，舞者回忆起她还在吃奶的时候，她的妈妈就经常打她。比如她咬了妈妈的乳头，妈妈会打她；她不愿意吃那些辅食，把辅食吐出来时，妈妈会打她；成长过程中她咬手指、咬下嘴唇，妈妈会打她；妈妈出去玩麻将，她在家里写作业，妈妈回来后总是喊她开门，她有些生气做作业被打扰，不愿去开门，妈妈进来后，会近乎疯狂地打她。舞者在初中时期，曾有两三个月，一到夜晚就忍不住放声哭泣，她的父母对此束手无策。他们也曾带她去过医院，但是舞者并没有觉得自己得到了帮助。她回忆说："他们带我去医院，也没有事先和我商量，突然有一天就把我强行带去了。"

　　舞者的心中有个声音让她努力寻求"远离父母"的生活道路，最后她做到了，那就是到海外求学并工作。到国外后，舞者发现自己的情绪问题影响着自己的工作发展，也影响着亲密关系的发展，便寻求了精神科医生和心理咨询师的帮助。她被告知，她的症状是抑郁，但这个抑郁是长期的焦虑造成的。

第二节

换一个视角解读过往的记忆

　　像小害怕和舞者这样的人，因为缺乏安全感，总是紧张，无法拥有健康的人际关系，应该如何自助呢？他们有没有可能通过对过去记忆的重新解读得到一些宽慰，或者对过去释然呢？

　　小害怕尝试着理解父母为什么会那样对待自己。她回忆母亲的成长过程，这些内容是她母亲平时和她拉家常的时候讲的。点点滴滴汇聚起来，小害怕的母亲大致拥有这样一个成长模式：她的母亲是一个拥有三个儿子两个女儿的农民家庭中不受重视的第二个女儿，从小就学会了为家庭分忧，有着用劳动换取生存权利的思想，在这样的环境中长大的母亲勤劳且不善言辞。她的父亲成长经历与她的母亲相似，沉默寡言，为人正派。她父母的父母都非常注重邻里间的声誉，如果邻居来家里告自家孩子的状，父母会不问青红皂白就打自己的孩子，还打得很真心实意。

小害怕回忆起母亲给她讲述的几次挨打经历，忽然明白了，她遭受的不公正待遇和她母亲从小遭受的那些不公正待遇如出一辙。她的母亲在讲述这些的时候，语气很委屈，却没有觉察到这种情绪。她没有觉察到，她对自己的女儿正在做她小时候她的父母对她做过的事。而小害怕的父亲和母亲类似，也是生活在一个大家庭中，已经习惯了服从父母。他比起小害怕的母亲性格相对柔和，但也相对软弱，很多事还需要妻子拿主意。小害怕回忆起这些后，忽然意识到，她的父母从一定程度上来说，心智还不成熟。他们本身就是软弱无力的。当发生一些事情的时候，他们自己先慌了，根本没有什么技能和力量可以拿来教导、支持孩子。

比如小害怕不知怎么惹到邻居大爷那一次，父母如果具有力量感，可能会先向大爷了解情况，问清楚他的气愤点是什么，要是觉得孩子真的做错了，父母可以直接向大爷道歉，承认说："我们没把孩子教育好，您看是不是给您造成了什么损失，我们来赔偿。"然后再给小害怕讲明白到底发生了什么，这个大爷为什么会这么不依不饶，告诉她需要做些什么来弥补自己的过失。

经过这样处理，小害怕既能学到东西，也会感觉到父母是可以被依赖的，然而她的父母的做法却是拎出孩子来面对一切，实际上就是他们躲在了孩子后面。他们这样做，是在推卸责任，是在用行动对邻居们说："我们可没错，这都是孩子自己的错。"

小害怕的父母连"孩子犯错需要父母承担责任"都不敢承认，那么，他们怎么可能支持到孩子呢？"父母给不了孩子他们自己都没有的东西"，对过去的记忆重新解读后，小害怕意识到了这一点。她意识到她过去的生活确实缺乏支持，但是，那不是谁的错，没有人故意要造成这个局面。过去已经无法改变，现在的她怎么样才能改变"我是无助的"这个信念呢？

第三节

更新负性信念

"Yesterday is history, tomorrow is a mystery, today is God's gift, that's why we call it the present."

昨天已经是过去的故事,明天还是个奥秘,只有今天才是上帝给我们的礼物,所以我们把今天叫作"现在"。——电影《功夫熊猫》里的这段话真是奇妙,我看到这段话时感慨万千,恨不能为它拍案叫绝。

在英文里,"present"这个词是个多义词,有"当前、现在"的意思,也有"礼物"的意思。从一个成年人的角度看,我必须承认,"当前"确实是个"礼物"。

首先,当我们是个孩子的时候,我们没有自我谋生的能力,必须依赖家庭,依赖父母,那我们就必须服从那个环境中的规则,比如吃什么、穿什么、怎么说话、怎么办事，都必须听父母的话。虽然有人幸运地遇到了能很好地养育孩子的父母，但也不排除很多人没那么幸运。但是，不管幸运还是不幸运，客观上讲，未成年人相对成年人而言，是很少能完全按照自己的意愿自由生活的。未成年人不能享有成年人可以享有的所有权利，这是公平的，因为权利和责任是对等的，未成年人相应也没有担负起成年人要担负的责任。比如，未成年人损坏了别人的东西，他自己可以不赔，要给别人赔偿的是他的监护人；但成年人损坏了别人的东西，他需要自己给别人赔偿。

当我们成年后，未成年时的不自由就成了"history"。"history"的意思是什么？译成中文是"历史"，我们都知道，"历史"是过去发生的事。英文中还有一个词，和"history"的长相与意思都很接近，那就是"story"，译成中文是"故事"。"故"在这里的含义是"原来的、从前的、过去的"，"故事"的含义也就是"过去的事"。

根据英语词源研究者钱磊先生的观点：单词"history（历史）"和"story（故事）"是同源的，都源自希腊语名词"historia"，派生自"histor（智者，见多识广的人）"，"his-"其实是动词词根"wis-（见、识）"的音变，辅音字母 w 音变成了 h 音。所以单词"historia"的字面意思就是"智者知道的事情，智者对过去事情的叙述"。它进入英语后，分化成了两个单词，分别是"history"（历史）和"story"（故事），后者开头的"hi–"脱落了。钱磊先生认为：由此可见，所谓"历史"和"故事"原本都是一回事，都是某些人对过去发生的事情的叙述。得到公认的就是"历史（history）"，没有得到公认的就是"故事（story）"。许多我们信以为真的"历史"，其实不过是某些人讲的"故事"罢了。

　　大家是否能回忆起自己幼年时想让别人给自己讲故事时的心态？那时候，我们是带着好奇、想得到乐趣的心态去听故事的，虽然有时候会受故事影响，但在大部分时间里，我们是能够区分开故事和现实生活的。不管我们在童年经历了什么，曾有多么艰辛，我们成年后，过去的一切经历都已经成了"history"，成了"故事"，都已经过去了。但问题是，当下我们是否能够意识到，我们已经脱离了过去的困境，有可能靠自己来创造自己想要的生活？我们能否意识到，我们拥有了选择如何生活的权利，我们已经得到了自由？

　　如果我们可以清醒地觉察到，我们已经从"不得不听父母的安排"的状态转变为"可以按照自己的愿望为自己做些什么"的状态，那么，这像不像一个被束缚的人解开了捆绑？从这个角度讲，我们得到的自由是不是一件最宝贵的"礼物"？

　　即使我们成年了，"当前"仍然是个"礼物"。本书第三章曾提到在 2008 年被选为北京奥运会开幕式唯一的独舞《丝路》的舞蹈演员刘岩，在离开幕式还有 12 天的一次彩排过程中，从三米高台上跌落，导致胸椎以下高位截瘫。很多人遇到这种情况后，可能都无法区分"过去的事"和"当前"，会一直沉溺在不甘、追悔、悲痛或其他种种负性情绪中，甚至后半生就此一蹶不振。

但是，刘岩却能够区分"过去"和"当前"。她把注意力放在"当前"，去寻找"当前我可以做什么"。最后她将研究方向定为研究舞蹈的手部动作，并在此方面有所成就，成了北京舞蹈学院的教师。2010 年 3 月，她在中国文学艺术基金会的支持下，成立了"刘岩文艺专项基金"，主要用于支持和资助贫困地区小学的基础艺术教育，以及帮助部分孤儿和农民工子弟，使他们有更多的机会接触舞蹈艺术。2020 年 12 月，她还被评为北京市先进工作者。刘岩珍惜并享受着"当前"这件礼物，继续坚持着自己的热爱，也帮助他人实现了梦想。

当我们回首自己经历的创伤事件时，我们是否可以像刘岩那样注意到：也许我们还在把自己的精力继续放在这些事件上，为它们懊悔或痛苦，但是，过去的事就是过去了。相比昨天的那些不幸遭遇，今天是个"礼物"。明天是个奥秘，因为明天会发生什么，一部分固然由老天安排，但还有一部分也要看我们今天会做些什么。

"Yesterday is history, tomorrow is a mystery, today is God's gift, that's why we call it the present",《你当像鸟飞往你的山》的作者塔拉·韦斯特弗，用她的人生诠释着这句话。

塔拉女士出生在美国爱达荷州山区，那里遍布着垃圾场。塔拉的父亲是个虔诚的摩门教徒，执拗地奉行着一些严苛的、让普通人感到古怪的、不通人情的清规戒律。比如：小便没尿在手上就不用洗手，想去读书就是被洗脑，女孩穿着暴露就是放荡。同时他还有精神疾病，脾气古怪，情绪不稳定。或许是为了避免外面的世界将自己的孩子引诱到"堕落"的地步，他不许自己的孩子与联邦政府有任何关系。塔拉和她的兄弟姐妹小时候不被允许去学校上学，只被允许在家里跟着母亲学一些基础知识。家里的四个孩子都没有出生证明，也没有去医院看过医生或护士。塔拉的哥哥肖恩有严重的暴力倾向，在家里多次对塔拉实施暴力，比如他会将塔拉拖进卫生间，把她的头按进马桶里几分钟后才让她出来，又或者将她的手指和手掌卷成螺旋状，直到塔拉大声喊叫"我错了！"才罢休。塔拉的父母眼看着肖恩的暴行，却对此选择无视与沉默。

塔拉曾以为她会就这样生活一辈子。幸运的是，她的"现在"终于到来了。塔拉还有一位被家里人认为性格古怪的哥哥泰勒。泰勒违抗了父亲的命令，独自一人离开了家去读大学，追寻他想要的生活。他也鼓励塔拉："是时候离开了，塔拉。对你来说，这儿是最糟糕的地方，来我去的地方吧，来上大学。"在他的鼓励下，塔拉开始悄悄自学，后来也考上了大学。她在老师、同学、朋友以及哥哥泰勒的帮助下，一步步读到博士，并且主动做了心理咨询，帮助自己更好地祛除"过去"对自己的影响。

2014 年，塔拉获得剑桥大学历史学博士学位，2018 年出版处女作《你当像鸟飞往你的山》，2019 年她因此书被《时代》周刊评为"年度影响力人物"。《你当像鸟飞往你的山》这本书既是她对自己的救赎，也给了无数还没能分清"过去"和"现在"的人振作的勇气。

那我们如何才能珍惜"现在"这件礼物，让它发挥最大的效用呢？方法就是，将注意力放在当下。比如小害怕女士，她虽然像前两章里介绍的小纠结先生、小紧张女士那样，尽力从过去的记忆中寻找那些曾被支持的积极经历，但是，就是想不起来任何被支持的记忆。给她留下深刻印象的只有她自己在孤军奋战。也就是说，过去的小害怕确实缺乏支持，确实很无助；那么，现在的小害怕呢，就没有希望了吗？

不是的。如果小害怕现在能找到帮助她应对"危险处境"的技能或资源，她还是有可能把"我不安全，我很无助"的负性信念更新为"现在我是安全的，我是可以有选择的"。

比如，当她现在受到欺负时，如果身边有可以挺身而出保护她的人，她就有可能更新自己的信念。如果很不巧，小害怕身边至今也没有能保护她的人，那针对"害怕女同事报复"这件事，小害怕可以考虑"我可以做些什么现实的事保护自己"。

她是否可以随身携带防狼喷雾，在路上遇到袭击的时候进行反抗？是否可以拜托公司保安，对前女同事加以注意，发现她的踪迹就通知自己？是否可以将110设置为手机快捷拨出键，随时报警求助？是否可以在真的遭受侵害后，运用法律的手段维护自己的权益？小害怕如果通过这一系列思索和实践后，发现自己已经有办法应对攻击，不再是当年那个面对攻击毫无办法、只能站在原地承受的无助孩童时，那么她的信念就有可能更新。

和现实环境匹配的、适度的焦虑和恐惧可以帮助我们，让我们发现真实的危险，采取措施保护自己；但是，和现实环境不匹配、超出正常水平的焦虑和恐惧就会像总是报假警的警报器一样，消耗我们的精力和能量，激起我们的过度反应，妨碍我们的生活。小害怕过去那种无缘无故觉得别人要伤害自己的想法，就是和现实环境不匹配的信号，是过去的经历留下的信息。如果要消除这种和现实环境不匹配的焦虑和恐惧，我们需要首先梳理自己的信息系统，觉察到带来目前这种过度焦虑和害怕的是过时的信息系统，然后寻找和建立能抚慰自己的焦虑和害怕的新信息系统。当旧系统更为新系统后，相应的高敏感反应才有可能消失。

第十章

探索：
找不到生活的乐趣该怎么办

在本书第六章里，我向大家介绍了隐藏在我们人际关系高敏感反应后面的负性信念，并总结出这些负性信念主要有四类。

第一类是觉得自己有缺陷，比如"我不值得被爱""我微不足道""我不够好""我不如别人"，等等。第二类是觉得自己不安全，比如"我不安全""我处于危险之中""我无法相信他人"，等等。第三类是觉得自己缺乏力量或缺乏控制感，比如"我无法控制局面""我很弱小""我孤立无助""我必须完美""我得不到我想要的"，等等。第四类是缺乏归属感，觉得"我像个隐形人""我非常孤独""我没办法和人产生联结"，等等。

对于前三类负性信念，我们各举了一些例子帮助大家更好地理解。比如小纠结先生，他的负性信念是"我必须是完美的"，这个负性信念属于上面列的负性信念的第三类，感觉自己缺乏控制感。而小紧张女士的负性信念是"我不可爱"，这属于一个人对自己价值的评判，属于上述负性信念的第一类，自觉有缺陷。至于小害怕女士，她不但感到自己没价值，还会有"我不安全"的感觉，这属于上述第二类负性信念。

然而在实际生活中，自觉有缺陷、缺乏安全感、缺乏控制感乃至缺乏归属感，这些负性信念往往会存在于同一个人身上，只是在每个人生活的不同阶段、不同事件上的突出表现不同罢了。比如小放弃同学就是这样。小放弃同学今年 20 岁，大学一年级新生，入学三个月，经常不去上课，大部分时间都待在宿舍里玩手机游戏。同学发现他有时候会偷偷躲在角落流泪，还发现他有时候会拿头撞墙或桌面，就把情况反馈给了老师。老师一边联系家长，一边建议他进行心理咨询。

　　小放弃在老师的关心下同意进行心理咨询，但是却不愿去见心理咨询师，只愿意通过语音进行交谈。在心理咨询的首次交谈中，咨询师感到和他交流很困难，虽然能感受到小放弃是愿意参加咨询的，但是谈起相关问题来，问一句小放弃才答一句，并且答得还非常简短。咨询师在交谈中发现小放弃除了有上面已经了解到的不愿去上课、生气或郁闷时拿头撞墙或桌面、作息不规律、晚睡晚起等问题，目前在情绪方面还有心烦、紧张不安、消沉、觉得生活没意思等感觉，身体方面则表现为感到疲乏，经常头疼腹泻，另外还伴随着记忆力下降、反复琢磨不愉快的事情以及想控制又控制不住的现象。心理咨询师感到小放弃的抑郁和焦虑情绪很严重，可能已经超出了心理咨询可以帮助的范围，于是建议家里人带他去医院做明确的诊断和治疗。小放弃的父母带他去医院后，医生做出了相应诊断，并开了处方药物，嘱咐小放弃进行规律的心理咨询。

在去医院前，小放弃的父母认为他是在偷懒，是装的，还斥责了他；等去完医院，父母亲对小放弃的态度发生了巨大转变，开始反省自己。他们很感谢咨询师，并且表达了对咨询师的信任，希望能继续咨询。咨询师向小放弃和他家人说明了自己的工作理论取向与可能的工作方法，在小放弃及其家人保证坚持用药的前提下，同意继续给小放弃做咨询。

在继续咨询的过程中，咨询师询问小放弃感到自己目前主要的困难是什么。小放弃一开始说感到自己学业表现不如其他同学，同时感到授课老师对他态度严厉。他的负性信念是"我不行，我没有能力""我不被人喜欢"，既有属于第一类觉得自己有缺陷、缺乏价值感的内容，又有第三类觉得自己缺乏能力的内容。但是，随着咨询继续，有一天小放弃忽然哭了，他说："我不知道自己是谁，不知道自己想干什么，我像个异类，我非常孤独……"，此时，他呈现出了第四类缺乏归属感的负性信念。

　　咨询师尝试让小放弃结合目前感到困扰的事件、负性信念、相应的情绪与身体感受去寻找那些过往的记忆，却遇到了困难。小放弃说他什么都不记得了，只是感到头疼。

第一节

审视过往记忆，寻找负性信念

我们回忆一下之前介绍的寻找负性信念来源的流程：首先需要确定让自己感到困扰的事，然后确定这件事中你认为最糟糕的部分以及能代表这件事最糟糕部分的画面，根据这些，体会相应的情绪和身体感受，确定自己的负性信念，最后结合能代表这件事最糟糕部分的画面，想着自己的负性信念，体会自己的情绪和身体感觉，让思绪往生命早期的方向发散，看看会有什么样的记忆从脑海中浮现出来。

在小放弃这里，一开始他说目前最困扰自己的事是"担心期中考试不及格"，他认为这件事中最糟糕的部分是"同学们嘲笑我"，能代表这件事最糟糕部分的画面是"同学们嘲笑的神情"，相应情绪是"难过、伤心"，身体感觉是"头疼、胸闷、胃不舒服"。但是，对应这些，咨询师让小放弃把思绪往生命早期的方向发散时，小放弃却想不起什么东西来。

后来随着咨询进展的深入，小放弃说："我不知道自己是谁，不知道自己想干什么，我非常孤独"。可是他说不出相关的应激事件，更不用说找到相关记忆了，只是在说的时候会哭泣。咨询师即使看不见他，只通过语音，也能感受到他深深的悲伤和无望。咨询师意识到，小放弃可能是出现了创伤性遗忘和创伤的躯体化症状。

什么叫"创伤性遗忘"和"创伤的躯体化症状"？创伤性遗忘指的是：在经历了创伤性事件后，一些人会失去有关这个创伤事件的记忆。但是，这种遗忘并不是真的完全忘却，它其实是人们对于无法处理的伤痛的回避，是一种心理对自己的保护机制。这些事情不是真的被忘却了，而是被压抑了。我们表面上记不起来相关的事件，但是身体却会出现一些解释不清的症状，比如做被人追赶的噩梦、长期焦虑、饮食失调，有时候还会有一些记忆碎片的闪现 —— 有些影视剧作品里对这些现象有反映，比如2000年在法国上映的电影《记忆碎片》就呈现了心理的冲突、纠结记忆的压抑和浮现。而这些被遗忘的记忆在合适的环境下是有可能被唤起的。

当因为创伤产生遗忘时，人们遗忘的只是认知层面的内容，也就是外显记忆——人们对它有清醒的记忆。但是创伤的影响不会就此消除，它会执拗地显示它的存在，比如，这个人总是会出现不明原因的，也许是消化系统方面的，也许是心脏方面的，也许是身体其他部位的异常。这些没有生理根源的身体方面的症状就是创伤的躯体化症状。它属于一种躯体记忆，属于内隐记忆，也就是我们虽然意识不到，却会影响我们情绪、躯体反应或行为的记忆。

为了能更好地帮助小放弃，在征得他的同意后，咨询师通过小放弃的父母了解到了以下情况：小放弃同学的父母原先都是农民，小学文化。小放弃幼年家里经济条件不好，夫妻俩经常打架吵架，即使是在怀着小放弃的时候也是这样。小放弃生下来才1岁多的时候，父母就外出打工，把他留给家里其他人照看。小放弃的家是个大家庭，照顾他的人很不固定，今天姨妈照顾，明天舅妈照顾，后天可能姥姥或爷爷照顾。小放弃两岁多的时候，白天被送到村里的幼儿园，晚上等人来接。但谁来接并不固定，接的人也不一定能按时接，谁接他，晚上他就跟谁住。

等到小放弃上小学的时候，父母把他接到打工的地方，但仍然没时间照顾他，于是找了住处附近的村里自办的小学，找了能管饭的地方，并给了小放弃家门钥匙，让他自己照顾自己。父母大概每周回来一次。这些村里自办的小学不是很稳定，办着办着就不办了，因此，小放弃转过3次学，留过2次级。

后来到了该上初中的时候，父母考虑到没办法照顾他，直接给他找了个封闭式管理的中学。除了寒暑假，小放弃其余时间都住校。小放弃不喜欢这个学校，一开始天天哭着要回家，没被父母理会。后来他试着从学校逃跑，没成功，又因为中考成绩差，花钱上的高中。从他父母的视角看，小放弃一开始还比较努力，有进步，后来却不努力了。这时候他的父母通过多年的努力奋斗，年收入已经上百万，得知小放弃的学习情况后，花钱为小放弃请了多个私人教师一对一辅导。最后小放弃勉勉强强进入了某所大专院校。

小放弃的父母说，他们家里现在有钱了，并不指望儿子能挣多少钱，只希望他能努力上进，创造自己的人生。他们之前总觉得儿子没有上进心，不努力，所以常批评指责他，现在知道孩子原来是生病了，只希望孩子恢复健康就好。小放弃的母亲在讲述小放弃的成长过程时，认为自己管教过于严厉，比如小放弃小时候，有一次拿了家里 20 元，她就拿树枝狠狠地抽打他，导致一周后小放弃身上还有印子，洗澡时印子被爷爷看到，爷爷告诉了她，她才知道。小放弃的父亲也同样严厉，少言寡语，常常莫名其妙打孩子。另外，在小放弃的成长过程中，小放弃的父亲和母亲都曾经因为过于激动，喝农药闹过自杀，这一切都是在小放弃眼前发生的。了解到这些后，咨询师已经可以确定，目前小放弃的状态正是过往创伤经历导致的。

什么是"创伤"？《精神障碍诊断与统计手册（第5版）》
（DSM-5；美国精神医学学会[APA]，2013）中列举的创伤后应激
障碍的诊断标准将"创伤"描述为以下事件：经历或目睹了这类
事件的个体会出现侵入性症状、回避、认知和情绪的负性改变，
在警觉性和反应性方面也会出现变化。

一个人听到"创伤"这个词时，通常会想到以下这些经历或
相关图像，比如火灾、爆炸、车祸、洪水、龙卷风袭击、被严重
殴打或性虐待等等，因为这类型的创伤被认为是会危及生命的，
所以很容易被人理解。然而除此之外，还有另一类创伤被命名为
"不良生活经历"。它们可能乍看上去不那么突出，但在人类的生
活中却普遍存在，比如幼年时被父母疏忽情绪或虐待情绪，被父
母遗弃或与父母长期分离，生活环境不稳定或不安全，目睹父母
激烈冲突，得了严重的身体疾病，目睹亲人离世，等等。

虽然这些不良生活经历只有贯穿人们整个成长过程，持续存
在时，才会对人们的总体发展产生重大影响，但是，一个人只要
经历过这些事件，就有可能产生消极的自我归因。它还会带来其
他长期的负性后果，会影响一个人有关自己、他人和世界的信念，
体现在人们的自我感觉、自我定义、自尊、自信和最佳表现水平
等各个方面。这些个体可能在大多数情况下会表现得比较稳定，
但在遇到事情后，会和其他人的反应很不同，表现出低自尊、焦
虑、惊恐障碍、恐惧症、抑郁、创伤后症状，甚至解离性障碍等。

他们在情绪、身体、认知和人际关系这些方面的功能都会失调。

总之，不管创伤程度的大小，它都有可能对个人的自信和自我效能感产生负面影响。这个创伤事件可能以一开始发生时的形态"卡"在记忆网络里。生活中的应激性情境会激活那些能唤起创伤经历的图像、身体感觉、味觉、气味、声音和信念（这些线索保留着当初它们被存储下来时的模样），或者会导致当事人对当前事件进行歪曲感知，并伴随着相应的情绪上或身体上的反应。

小放弃还在妈妈肚子里的时候，妈妈就经常情绪激动，这可能会引起激素水平或神经递质的改变，对小放弃先天造成了一些影响。他出生后，又被丢给不同的抚养者轮流抚养，从来没机会建立一种稳定的依恋关系。他上小学后又不断转学，也没机会和小朋友们、老师等人建立深刻的人际关系。进入寄宿中学后，据小放弃后来回忆，他还曾遭受一定程度的校园霸凌，比如被同班级的男生们集体排挤、嘲讽。而在和父母短暂相处的时间内，他一方面遭受过不止一次体罚，另一方面又经常目睹父母激烈的吵架或者打架的场面，甚至还看到父母喝农药自杀的惨烈场面。

正如我们前文说的那样，人类大脑的发育和社会互动有关。孩子早期缺乏调节情绪的能力，需要养育者涵容他们的负性情绪；同时在孩子遇到困难时，养育者要能支持孩子，告诉他们如何表达情绪，如何处理问题。孩子因为养育者的涵容，本身的焦虑和压力得到缓解,生活技能才能得到发展。而小放弃的父母,本身就无法调节情绪,对孩子也缺乏涵容,当孩子遇到问题时,他们采取的方式不是教给孩子应对的技能,而是严厉体罚,这样导致小放弃没能学会什么。小放弃的父母不但没有成为孩子的支撑,反而成为孩子的压力之一。

小放弃的生活环境孤独而动荡,心理环境也持续存在压力。没有人可以被他信任,没有人可以被他依赖,他看不到自己,也看不到别人,更看不到生活的意义。他这些焦虑和痛苦是无法被永久压抑的。在上了大学,和同龄人生活在同样的环境时,因为生活方式、教学方式、师生相处模式等因素的改变,那些没有诱发其他人产生激烈反应的因素,比如同学间的互动、老师的态度、考试的压力,却诱发了他的焦虑和抑郁。虽然他也知道自己家里有钱,父母也在得知他生病后安慰他说"咱们家有的是钱,你不用担心将来的生活",但这些无法让他有丝毫放松的感觉。这就像对一个骨折的人来说,当你对他说"咱家有的是钱"时,他仍然会感到痛一样。创伤就是创伤,不会不治而愈。

如果一个人早年生活中经历的创伤与小放弃类似,是长时间存在并和人际关系相关的,那么他就有可能出现复合型创伤后应激障碍的症状。根据赫尔曼(Herman,1992)的描述,复合型创伤后应激障碍的症状有 7 类症状群。

1.情感和冲动的控制改变：如慢性情绪失调（好像情绪在自己发展，你根本控制不住），对愤怒的调节变得困难，出现自残或自杀行为，对性活动的调节变得困难，出现冲动和危险的行为。

2.注意力和知觉改变：容易遗忘、进入短暂的解离状态（走神）、人格解体。

3.躯体化反应：消化系统功能失调、慢性疼痛、心或肺出现症状、性功能出现症状、惊恐发作等。

4.自我认知（对自己的看法）改变：长期存在内疚、羞愧、自责这些感觉，感到自己会一直受到伤害，觉得自己无能为力，觉得没人能理解自己，弱化那些创伤性事件对自己的重要性。

5.与他人关系的变化：无法信任他人，不断责怪自己、不断责怪他人。

6.对伤害自己的人的认知发生改变（这不是必需的一个诊断条件）：比如理想化伤害自己的人的形象（例如伤害你的人是没错的），接受伤害自己的人对你、对那些伤害你的事实的歪曲观念（例如受害者有罪论，都是你自己不好）等。

7.意义系统（你对生活、他人和世界的观点或信仰）发生改变：感到绝望与无助，失去对生活的信念。

以上 7 个方面的变化都可以在小放弃身上看到，我们列出的四类负性信念（觉得自己有缺陷、觉得自己不安全、觉得自己缺乏力量或缺乏控制感）他都有，而且这些负性信念对他的影响是掺杂在一起的，此起彼伏，交替呈现，最终造成了他没有办法去上学，同时感到人生没有意义的后果。

小放弃的问题必须在专业工作者，也就是精神科医生和心理咨询师两方共同的合作下，帮助他解决；而且这会是一个以"年"为计量单位的工作过程。对于这个问题的彻底解决不属于本书的讨论范围，因此我们不在这里对他的问题深入介绍了。

我们用第九章讲到的小害怕女士的例子，来具体呈现一下 4 类负性信念混杂在一起时，我们可能会在实际生活中呈现出的状态。在小害怕的故事里，她主要的表现是缺乏安全感，但在日常生活中，她却表现得很让人费解。按理说，缺乏安全感的人应该很注重安全才对，会很注意自己和他人的距离，但是，小害怕的实际表现却是"无法维持正常的人际界限"。比如，在她的前女同事遇到困难的时候，她主动热情地伸出了援手，请前女同事住在自己家里。她的这个举动在很多人看来是超出了限度的友好。因为这位女同事没有向她提出请求，而且这位女同事也并不是她的闺密，只是同事而已。然而小害怕却在这样的情况下，主动请对方住进了自己的家里。

"家"是个什么地方？是一个人休息的地方，是个私密空间，是个别人若要主动进来我们就要很警惕的地方。而小害怕一边安全感不足，一边却无法守护、甚至主动开放自己的私密空间，这是怎么回事呢？这有可能和她持有的"我是没有能力的，我是无助的"以及"我没有价值"这两类负性信念有关。有这两类负性信念的人，总觉得自己不行，认为别人比自己有能力，因此在日常生活中不由自主地想和别人搞好关系，以期别人帮助自己，在行为上表现为过分热情、主动讨好。他们既希望在以后有需要的时候能得到对方的帮助，同时也希望通过"讨好"让别人满意，从别人满意的神情中感受到自己的价值。虽然这些"希望"他们自己也未必能清晰地意识到，但是却会在行动上体现出来。"缺乏归属感"也会导致他们在关系中无条件妥协，忍受不公平的待遇，只为了能和人维持关系，使自己不再体验孤独。

除了无法维持正常的人际边界，无法保护自己，在关系中过分妥协，通常会触发小害怕女士不安的情况还有一种，那就是"直接面对人和人之间的竞争"。小害怕女士说："大学毕业的时候，大家都要求职，但是我没办法去做这件事。我就像僵住了一样，没法行动起来，没办法打出简历，购买并换上合适的衣服前往求职会场。我只要一想到那个求职的场面就特别焦虑不安。最后我比较幸运，父辈动用一些关系帮我找到了现在的工作，我没有去经历那些被人挑选的场面。但是目前在工作上，一旦需要大家一起评选什么，我就特别焦虑不安，感到难堪想逃开！虽然我明知我的学习能力和工作能力都不差的，但我就是无法面对这些。"

　　小害怕在这里怕什么？她怕的是"被拒绝"，在这里她可能受到了"我没有价值"和"我不可爱"这两种负性信念的影响。如果因为实力不如别人被拒绝了，那就证实了"我没价值"；如果实力可以却仍然被拒绝，那就说明自己不如别人可爱，这仍然让她感到痛苦。因此，只要一想到要去参加这些竞争，她就痛苦不安；要想不痛苦，只有不去参加这些竞争。小害怕还说："现在的工作，我感到并不适合我。我非常担心自己在这份工作中做不出什么业绩来。我觉得我得换个工作。我看了很多招聘信息，感觉自己必须在 35 岁之前找到一份固定的、也适合自己的工作，否则我很担心将来因为工作做得不好，被公司辞退，养活不了自己，流落街头，孤苦无依。"

　　她的这种焦虑和担心仍然体现出她认为自己是没有价值的，是没有能力的，也是弱小无助的。她是感到不安全的，她控制不了自己的生活。同时，她也是缺乏归属感的，她不认为有什么地方、有什么人会接纳她，和她在一起，她觉得自己会"流落街头，孤苦无依"。

　　作为一个旁观者，我们也许能看出来，小害怕的担心和现实生活的差距较大。因为一个还不到 35 岁的人，如果身体相对健康，且没有赌博等无法摆脱的恶性成瘾的行为，只要去工作，就会有收入。收入或许高或许低，但一个人只要吃苦耐劳，在我们当今社会，就有可能达到温饱水平，受过高等教育的人更是如此。除非这个人遇到重大生活变故，否则不太可能出现小害怕担心的情况。

但是小害怕的担心又是真实的，那么问题出在哪里呢？还是出在她的创伤性经历对她的影响上。小害怕的成长经历和小放弃类似，虽然没有小放弃的成长经历惨烈，但也是一部创伤史。她遇到困难的时候没能得到父母的支持，还被父母指责和抛弃，因此，她觉得自己是孤独无助的，是无法解决困难的。那么，像小放弃和小害怕这一类情况，在接受专业帮助的同时，当事人自己可以做些什么来自助呢？我们将在下一节进行介绍。

第二节

唤醒沉睡的记忆前的准备

虽然过去的记忆是痛苦的，但是，如果任凭它们被遮掩、被压抑，我们就永远无法获得新生，因为被遮掩、被压抑的东西并不等于被真正忘却，并不意味着不存在了。它们就像附骨之疽，时不时让人感到痛苦，并持续不断地把有害物质渗透到还健康的那部分机体中，慢慢地把健康机体腐蚀殆尽。

我们只有去唤醒那些貌似沉睡的、实际上仍在暗中肆虐的过往伤痛记忆，重新审视它们，针对它们对目前生活带来的影响一一进行处理，重新面对并处理了这些记忆后，才可能消除过往创伤的影响，我们也才能做到真正忘却。这个过程就像刮骨疗毒，因此，在开始唤醒记忆前，我们必须先做好相关的准备。

相关的准备有哪些呢？大家是否还记得本书一开始讲述的那

些准备工作？治疗创伤的第一步是寻求安稳，就像一个武林高手身受重伤后，首先需要做的是逃离危险环境，找一个敌人找不到的地方，然后寻找药材，开始调理。他在伤口痊愈之前，如果没有进行好好调理就开始逼自己练功，甚至蹦出去找敌人对打，那就等于自取灭亡。

　　所以，我们首先要做的是评估自己的心理和生理状态，看看自己的能量水平有多高或多低，然后制定适合自己目前能量水平的生活计划。比如，能量已经很低、干什么都非常疲惫的人，就需要减少日常工作和生活安排，让自己有更多的能量进行生理和心理的康复活动。而那些有一定能量却过度使用"回避"的方法、整天把自己封闭在家里不参加任何活动的人，就要开始制定一个在自己承受范围内的活动安排表，渐渐活动起来，毕竟"流水不腐，户枢不蠹"。而总是感到心烦意乱、无法集中注意力在当下的人，可以将每天的时间划分为很多个"半小时"，在本子上列出每半个小时具体要做的事，把注意力集中在做事上。总之，我们首先要把活动规划在自己的能量可以承受的范围内，并让自己的生活变得有秩序起来，为自己营造一种心理、物理环境上的稳定和舒适的氛围。在此期间，我们可以在咨询师的陪伴下，练习一些能让自己的情绪稳定化的技术，比如安全／平静之所、保险箱技术、放松训练等。

此外，我们需要积极寻找或建立资源来提高自己应对伤痛乃至解决伤痛的能力。什么叫资源？我常用自己的一个小故事来跟我的来访者说明创伤修复的过程和资源的含义。我在四五岁的时候，有一次看到我的姐姐在玩乒乓球。当时因为条件有限，她也只是拿着一个旧球拍把一个乒乓球往墙上打，接住，再打回去……我在旁边看着觉得非常有意思，强烈要求也要玩，姐姐告诉我："你打不了。"我不相信，仍然反复要求，最后姐姐让我玩了。但等我踌躇满志地学着她的样子把球打到墙上后，我发现，我是玩不了的。还没等我反应过来，那个球就从墙上飞快地弹了回来，我手忙脚乱根本接不住它。我又试了两三次，情况没什么转变，姐姐还在一旁笑话我，我只能非常沮丧地交出球拍。

这虽然只是一件小小的事，但是让我形成了一个负性信念——我很笨，我运动能力很差，同时留在我脑海里的还有当时那种沮丧的情绪和身体的慌乱笨拙感。这个负性信念影响了我 20 年，在这 20 年里我不但从来不打乒乓球，而且对于别的体育活动，以及一些运动性的游戏，比如跳皮筋儿、打沙包等我都是不参加的。即使别的小伙伴来邀请我玩，我也会回避，因为我不想再体验那种尴尬的感觉了。

本来这个负性信念可能会影响我一辈子，但在我 25 岁读硕士的那年，偶然发生了一件小事。那一次，我的一位师兄非常热情地邀请我去跟他打乒乓球。那是个暑假的下午，除了我和他还在实验室做实验，校园里几乎没有什么人，而且天气很热，估计他不想再去室外了。当时我们实验楼的一楼有个教工娱乐室，里面有张乒乓球台。我第一时间就拒绝了他，说："我不会，我不行。"但是可能当天师兄实在是太无聊了，他强烈地、反复地邀请我，说："我可以教你。"比较幸运的是，虽然我认为自己在体育方面很笨，但我觉得我还没有笨到真的完全无药可救的地步，因此还是被他的坚持打动了。但我还是很犹豫，和他约定："如果我玩不好的话，你不要指责我。"因为我看到过小朋友一块儿玩耍，输了之后，对同伴出言不逊，甚至推推搡搡的情形。从某一方面来说，我个人心理也是比较敏感的，我不太能够承受被这样对待。师兄对此再三保证，于是那天我们就一起去打球了。

打了几分钟球之后，师兄就对我露出了惊讶的表情，我自己也非常惊讶，因为他打过来的球我基本都能接住，还能打回去。他说："你这不是学得挺快吗？打得还挺好。"我虽然知道师兄是在鼓励我，但是真的感到非常震惊。我很纳闷，我怎么一下子就从一个体育笨蛋变成一个这么灵巧的人了呢？当天下午回去后，我好好地想了想这件事。我意识到其实这20年来，我已经发展出了一些能应对"我不会打乒乓球"这件事的资源，只不过我以前没有留心过。

20年来我发展出的资源很多。如整体的灵敏度，25岁的我比起四五岁时的我，灵敏度强多了，反应能力也提高了；再如我控制球拍的能力，25 岁的我，控制精细动作的肌肉群也发展起来了，毕竟一个四五岁的小孩，是连拿好铅笔写出漂亮的字都做不到的。我还拥有的一个新的资源是：这位师兄的鼓励和耐心。正是他的包容，才让我感到我可以非常安全地、全神贯注地去打球，使我上面这两种能力有机会发挥。

当我具备了这些资源，同时有了一个面对过去和姐姐打乒乓球那个创伤事件的机会时，我重新处理了那个事件，我对那件事的认识就改变了。我的想法不再是"我很笨，我运动能力很差"，而变成了"当时只有 5 岁的我打不好乒乓球是很正常的事"。然后在以上想法的基础上，我又回忆起来，虽然我一向认为自己很笨，但是在必须要取得体育成绩的时候，我通过锻炼还是能达标的。比如初中的时候跑 800 米，本来我一直跑不及格，后来遇到一个新同桌，她为人很热情，得知我的困扰后，主动说："来，我领着你跑。"考试的时候，她就在前面跑，我跟着她，那一次我没觉得很艰难，成绩就达标了，并且从那之后成绩一直都能达标。上大学之后，申请奖学金也需要体育成绩，其中立定跳远那一项我一开始总是不行，于是我每天下午下了课就去操场的沙坑练，练得大腿前侧生疼，最后居然跳出了 2.10 米，获得了满分，当时这个成绩让同学和老师以及我自己都非常惊讶。

回想起这些后，我意识到：事实上我从来没有在体育方面真的比别人笨多少，但是长久以来我对自己的负性信念束缚了我的行动。而那个夏天下午和师兄打乒乓球的经历，终于解开了我过去对自己的束缚。虽然因为多年的习惯已经养成，我至今也没有成为体育运动爱好者，但是，我不再像从前那样回避各种体育活动和游戏了。

这个经历也让我意识到，我们只有在拥有资源的时候，过往的创伤经历才有可能得到再加工，被修复，然后我们相应的积极网络也才有可能被打开。所以，如果要修复我们的创伤，我们还要能够寻找出相应的资源。所谓"资源"，指的就是：能帮助我们应对过去那些伤痛经历，能帮助我们应对高敏感反应的我们个人的那些技能、力量，以及我们可以得到的援手。当想起或运用它们的时候，我们能够体会到正性的情绪和身体感受。

如果把处理那些困扰我们记忆的过程当作一段充满重重阻碍的旅程，只有完成这段旅程才能到达繁荣安定生活的新的定居地，旅程中的阻碍可能包括越过沙漠、爬过高山，那么，我们需要携带一些装备才能帮助我们克服这些阻碍。资源就是可以帮助我们克服这些阻碍的装备。我们只有寻找到相应的资源，并足够稳定，才相当于做好了唤醒"创伤记忆"的准备，并有可能完成对创伤的处理。就像我终于可以改变对四五岁时打乒乓球事件的观念、情绪和身体感受那样。

第三节

资源的分类和寻找

　　人际关系中的高敏感反应有一部分是由我们的创伤记忆带来的，"资源"对处理创伤记忆非常重要。那么资源有哪些类型？我们又应该如何去寻找资源呢？通常资源可以分为内部资源和外部资源。

内部资源

　　内部资源是指自身具备的某些品质和某些能力。比如说，我喜欢和人交朋友，我对自己处理问题的能力很有信心，我很幽默，等等。举几个例子来说明，比如之前章节里我们讲到的小害怕，她的负性信念是"我很危险"，有关这个信念，她回忆起从小就受到很多欺负和冷落、没有人保护她的过往。咨询师就问她："在这么困难的情况下，是什么帮助你走到了今天呢？要知道，一个孩子从小到大都没人帮助他、保护他、那他是很艰难的。在这样的情况下，你是怎么走到30多岁的？"

小害怕之前从来没有想过这个问题。她以往经常陷入"自己是无助的"情绪中，现在咨询师的提问让她换了个思考方向，她陷入了沉思。小害怕回忆着过去的一些场景，看到了自己倔强的身影。她回答说："是靠我自己的生命力。我从来没有放弃过。无论别人怎么打压我，怎样欺负我，我都在顽强地对抗，不放弃我的成长。"那么，小害怕就寻找到了一个对她而言非常重要的资源，也就是她的生命力。

小紧张也是这样，她的核心负性信念是"我不可爱"。当她寻找自己的资源的时候，她想到了自己交朋友的能力。小紧张虽然没有很多朋友，但是她的朋友都是靠得住的。小紧张意识到，如果不是因为她自己具备了某些品质，她就不可能和人建立友谊。她想到，或许可以尝试把和人建立友谊的这种能力用于建立亲密关系中。当想到这些的时候，她感到了放松和一种跃跃欲试的心情。这种交朋友的能力就是小紧张的一个资源。

再比如我自己，在25岁再次打乒乓球的时候发现了我整体的灵敏度、我控制球拍的能力都还不错，这也是我的资源。

下面这些内部资源可供大家参考。

表 10-1　内部资源示例表

内部资源示例
我有高度的外倾性（我喜欢和他人在一起） 我乐于拥有新的经历 我能认真地对待我做的工作 我是一个容易相处的人 我坚信我个人能量的源泉是我自己 我对自己处理问题的能力有信心 我会尝试去探寻发生在我身上事情的意义 我会尝试将不好的情况拆分为一些我能处理的可控部分 我能积极地解决出现在我生活中的问题 总体上我是个乐观的人，看事情总是积极多于消极 任何时候我都尽可能地去掌控局面，或者至少尝试去掌控局面 我喜欢进行一些有益的挑战，我会随机应变 我承诺去解决我生活中经历的不好的事件 我深知我生活的境况，因此知道什么能做，什么不能做 我有自己的信念 我很有幽默感 我对生活充满希望 我喜欢尝试新事物，或者以新的方式看待事物 我能体会到他人的感受 我是个行动派，我宁愿去做一些事情，也不愿意坐以待毙 我积极地尝试塑造我的生活，并制订相应的计划 ……

注：本表引自《创伤后应激障碍自助手册》。

　　一般来说，你选择的条目越多，你就越有力量去处理过往那些影响你的记忆。

外部资源

当我们收集到有关我们的内部资源之后，我们还可以看一看我们有哪些外部资源。常见的外部资源有以下几类。

1. 来自人和机构的支持

比如小害怕一开始觉得"我是无助的，没有人能帮助我"，但那是童年记忆让她形成的想法，那个想法至今还在影响她。想到现在的生活，小害怕意识到她在后来的成长过程中也遇到了很多困难，但在遇到这些困难的时候，她的父母其实都给了她支持。她上大学失恋之后，暑假待在家里，整天躺着什么也不想干，父母不但没有指责她，还把她照料得很周到。她最初找工作，没有收入，在异地需要租房子，钱不够时也是父母主动拿钱出来给她。

小害怕发现，虽然在她小时候遇到某些痛苦尴尬局面的时候，父母没能帮助到她，但是在后来成长的过程中，父母还是帮助了她的；而且她发自内心地相信，现在和以后，在她遇到另外一些自己无力解决又在父母处理能力范围之内的困难的时候，父母还是会帮助她的，所以她的父母可以被当作资源。

至于可以被当作资源的机构，包括社会福利部门、国家执法部门和一些提供公益服务的社会组织等单位。比如，遇到商品质量问题，很多人会拨打中国消费者协会的电话求助；妇女人身受到伤害时，可以拨打110或者当地妇联电话求救，这些机构在你需要时都可以被当作资源。有的朋友在遇到困难时，他所在的学校、工作单位或者居住的街道也会伸出援手。

2. 大自然

除了值得相信的人或机构，你也可以尝试把大自然作为资源。比如你最喜欢哪个季节？如果选了春天，你就把你想象的美好的春天画出来，来确认你对这个季节有什么美好的期待，辨认你的身体能体会到这个情绪的位置。你也可以选择来自大自然的声音或光线作为资源。比如有的人会回忆起自己曾到山中住宿，周遭宁静祥和，傍晚悄悄下起雨来，看着绿意盎然的庭院，听着雨水从容地滴答滴答落在庭院里的声音，心里一片宁静。

当回忆起这些，能强烈地感到当时的那种平静时，他就激活了一个来自大自然的资源。

你可以在感到焦虑的时候运用它。

3. 物品

一些物品也可以被当作资源，只要它能引发你正向的情绪和身体状态。比如有的小孩子在上幼儿园时，随身带着妈妈的一块儿手绢，就能安慰到忐忑的他；当我们自己感到不安的时候，如果身边有一件陪伴了我们很久的物品，比如一条非常柔软舒适的毛毯，我们也可以体会到那种舒适安宁的感觉，这些东西也可以被当作抚慰自己的资源。对于我来说，书是我的一个资源，很多次我感到焦虑的时候，想到书，我就会安静下来。

下面列出了一些外部资源供大家参考。

表 10-2　外部资源示例表

外部资源示例
人或机构 我的好朋友 我的伴侣或配偶 我最亲密的家庭成员 我的医生或咨询师 我的邻居 我的孩子 我知道的危机干预热线或能帮助我的社会机构
大自然 风景 季节 环境
物品 我喜欢的那条毛毯 书本 ……

当感到寻找资源有些困难的时候，我们可以试着回想从小到大有没有什么愉快的或积极的经历。在这些愉快或积极的经历里，

通常就包含着我们的各类资源。

比如我自己，在遇到困难气馁的时候，会回想我之前跨专业考研究生的时候是怎么复习，怎么到其他学校蹭课，又怎么在最后想退缩的时候咬牙坚持下来的。在回忆这个过程的时候，我就会感受到一种力量感从内心升起。又比如，在我感到孤独的时候，我会回想我被人帮助或者被人需要的经历，这些经历都在告诉我，我是和他人有联系的。

如果你经过努力，无论如何都找不到资源，那么，我们还有一个办法，那就是建立新的资源。

建立新的资源

建立新的资源包括两个方面。

一方面，我们可以用想象力帮助自己建立想象性资源。之前我们说过，虽然很多人认为想象是虚假的，没什么用，但是实际上，当我们想象做某件事时，大脑的神经元就会被激活，就像我们真的在做一样。研究显示，你在想象中移动你的右臂和你在实际中移动你的右臂时，大脑被激活的区域是一样的。这个研究结果已经被用于运动员训练中，当运动员锻炼时，如果他们集中注意力在运动的部位，想象它是如何运动的，锻炼的效果要比只机械地做这个动作好得多。

同时，当认为自己的想象没用时，我们可以想一下，我们某些痛苦也是我们幻想出来的。有些我们担心的事情根本没有发生，可是我们感受到的痛苦是真实的。假使通过想象我们就能如此痛苦，那我们为什么不能通过想象让自己快乐起来呢？我们愿意放纵自己想象痛苦，甚至沉溺于自己想象出来的痛苦中，却不允许自己进行积极的、快乐的想象。这是不是也可以改变呢？允许自己进行积极的想象，也是敏感性改变的一个步骤。

针对我们前几章列举的人际关系中常见的困境，我们可以对应想象的资源人物分别如下：

当容易纠结时，我们可以想象一个智慧人物成为我们的帮助者；

当认为自己不够好、没有价值时，我们可以想象一个对我们充满爱心的养育者；

当感到害怕时，我们可以想象一个能保护我们的保护者。

无论是智慧人物、养育者还是保护者，他们的形象和给你的感觉可以来自生活中真实见过的人，比如一直让你羡慕的同学的妈妈，也可以来自一部电影或一个动画人物，比如超人。只要想象他们的时候，你真的能体会到被呵护、被保护的感觉就可以了。

依然以小害怕为例子，我来说明一下想象性资源的建立。小害怕的问题在于，她认为自己是无助的，是不安全的，现实生活中没有一个真实的人能来帮助和保护她。当咨询师请小害怕想象一个可以帮助和保护她的人的时候，小害怕一开始也想象不出来。她告诉咨询师说："我在想，我的问题在于，我认为自己是没价值的。即使超人也不想帮助和保护我，那些超人会去帮助和保护那些值得帮助和保护的人，但是，不会来帮助和保护我。"咨询师问小害怕："那在你心里，这个世界上有没有什么人，是会愿意帮助和保护所有受苦难的人的？哪怕被帮助和保护的人是你，他也并不会嫌弃。"

小害怕想了好一会儿，低声说道："我想起来了。我坚信他们如果发现我需要帮助和保护，就一定会来帮助和保护我的。"

"他们是谁呢？"咨询师问。小害怕回答："是革命先辈。最近我在看一些相关的电视剧，很受剧情感染。我忽然意识到，那些革命先辈是立志要解救全天下所有受苦的人的，他们不会嫌弃要被救助的人贫穷、丑陋、无知甚至粗俗。这样的人，当然也不会嫌弃我。当他们知道我需要帮助和保护的时候，他们肯定也是愿意来帮助和保护我的。"咨询师询问："当你想到你可以得到他的帮助和保护时，你有什么样的正性情绪，身体哪里可以感受到它们？"小害怕说："我忽然感到一种力量，同时感到整个身体都放轻松了。"

咨询师请小害怕注意这些正性情绪和身体的感受，并带着她做了两组缓慢的、轮数少的双侧拍。做完后，小害怕再次回忆之前她担心的前女同事可能报复她的事件时，感到自己的担心确实是多余的。她甚至说："我觉得自己很有力量，而且当我想到这个资源的时候，我还联想到，我也能像那些革命先辈一样，不把注意力放在自己的那些喜怒哀乐上，而能注意到更广阔的世界，看到自己能为别人做些什么。想到这些，我的力量感就更强了。"

在运用想象建立资源的时候，当感到这个资源虽然能唤起我们正性的情绪，但是被唤起的正性情绪不够强烈时，我们可以尽量用想象力描绘相关细节。比如，假如你想象的资源是一个慈祥的、能抚育你的老人，那么，就请你具体想象一下这个老人的面容是什么样的，望着你的眼神有多慈爱，她或他是在用什么样的声音和你说话，又在为你做些什么事情。我们要用最大的能力去想象、补充细节，这样就能激活我们尽可能多的感觉和知觉。形象越栩栩如生，越能激活我们感受的力量。

当以上资源建立、产生了强烈的正性情绪和身体感觉的时候，你就可以体会着这些并对身体进行双侧刺激，这样可以进一步激活正性记忆网络。如果你发现这个工作靠自己难以完成，建议你去寻找专业咨询师的帮助。

另一方面，建立新资源需要我们在实际的生活中改变行为，发展新的技能，为自己发展出新的资源。比如，假使你原来的观念是"我是无能的"，你就需要改变这个观念，寻找能支持"我是有能力的"这个观点的资源。如果你实际上过去确实没有做过任何一件能证明你有能力的事，那在没有事实支持的前提下，你的观念就不可能发生改变。这时候你就需要至少完成一件你觉得有意义，或者社会认为它有意义的事情来证明你是有能力的。

　　具体可以这样做：如果你已经成年了，却还完全没有收入，靠父母养活，那现在你可以先试着去找份工作，不管是去做快递派送员，还是做家政服务员，只要你确实克服了困难，取得了一点点进展，有了一些收入，你就完成了一件能证明"你是有能力的"事情。这件事就是能支持你"我是有能力的"信念资源。如果你觉得自己没有任何技能，找不到任何工作，那么从现在开始你可以学习一门技能。学习的过程，也就是开始建立资源的过程。

　　再比如，你可能觉得"我不可爱"，你想不起任何过往经历支持"我是可爱的"这个观点，也找不到任何人能让你有这种感觉，即使运用想象力也无法发展出资源，那么，你可以开始行动了：增加与他人的交往频率，在交往中注意收集那些他人赞赏你的信号。你如果不懂得如何和人交往，可以从现在开始学习，边学边练。这都是为自己建立资源的过程。

　　总之，我们可以运用各种方法，为自己发掘、想象、建立资源。资源越多，我们就越容易面对过往的创伤记忆，我们的负性信念、相应的负性情绪和不好的身体感受就越容易发生改变，随之而来的就是我们在当下的关系中情绪稳定，过分敏感减退。

最后还需要注意一点，你要对找到的资源进行鉴别。资源是能给你带来正性的情绪和感受的那些内容。有些人的资源，可能对另外一些人来说是伤害的来源。比如有些人的家人是滋养他们的，但也有人的家人是虐待他们的。如果一个父亲从女儿小的时候就性侵她，那么对这个女孩来说，这位父亲就绝对不是资源。是不是资源要看我们自己的感受，要看它是不是能带给我们正性的情绪和身体感受，不要管别人的看法是什么，每个人的情况都不同。如果有一样东西，别人认为是资源，但你不认为它是资源，就不要勉强把它放进你的资源行列。

最后，本章我们提到复杂性创伤还常伴有一些躯体的症状，如胃疼、头疼等。这些心理创伤引起的、确实是非生理因素引起的身体反应可以用以下这个光流技术自助缓解。

自助练习：光流技术
——处理身体不舒适感觉的想象练习

请找一个舒适的地方，让自己躺着或坐着，放松下来。

如果你的身体有任何不舒服的感觉，请你专注于这种身体感觉，注意它在哪个部位，周围环境是什么样的。如果它有形状的话，它是什么形状的？如果它有大小／颜色／温度／质地／声音（音调高还是音调低），那么它是什么大小／颜色／温度／质地／声音（音调高还是音调低）。

你最喜欢什么颜色，你觉得疗愈的力量是与什么颜色相关联的？

想象有一束具有疗愈作用的光从您的头顶照射下来，这束光来自宇宙，它的能量无穷无尽。它笼罩着你的全身，并透过你的皮肤进入你的身体。

这束光带着你需要的温度，带着疗愈的能量，照在你的身上。去觉察它带给你什么样的感觉。

让这束光环绕着你身体感到不舒适的部位，对准那个部位，在它上面、内部和周围照射。去留意那个部位的感受，它的形状／大小／颜色／温度／质地／声音发生了什么变化……

请你觉察这束具有疗愈作用的光在这个部位照射时带给你的感觉是什么，它给这个感觉不适的部位带来了什么样的积极改变……

如果你愿意，你可以让这束具有疗愈作用的光照遍你的身体，为你的全身带去疗愈的能量和活力……

现在，请让这束光暂时离开，任何时候只要你愿意，你都可以让它回来。也许你希望你的光向下照进你的脚，然后进入大地，或者进入你想让它照耀到的任何地方。

第四部分

*

如何建立滋养自己的
人际关系

第十一章

提高：
改变认知系统，更新互动方式

人际关系的维持和建设有一个很重要的环节是沟通。然而关于沟通，常常会有一些不合理的认知影响人们的情绪和行为。比如，有的人认为：当出现误会的时候，我无论怎么解释都是不管用的。因此当人际关系产生问题时，他只会消极对待，不去沟通处理；也有的人会有这样的想法：只要我沟通到位了，一切问题就都会解决；如果解决不了，就是我做得还不够好。他因此陷入"怎样才能做得更好"的思绪中，并常常为自己的表现担忧或懊恼；还有的人会有"对方理应如何如何"的想法，当对方没有按自己的期望和他互动的时候，他就会陷入恼火之中，不把注意力放在如何调整自己的想法和行为上，反而执着于无效的互动方式。

以上这些影响着我们情绪和行为的认知，表面上看起来似乎都是说得通的，但是，我们仔细想的时候就会发现，并不是每一个人在遇到同样的情况时都会有和以上的人相同的想法和做法。比如，有的人遇到误会后，会尽一切努力将误会消除；有的人在表达自己的时候，并不始终小心翼翼地担心自己表达得不够好；还有的人，当别人不能按自己的想法做事时，并不执着于对错，更不会因此大动肝火。

以上那些影响着我们互动方式和情绪的认知，有时候也是来自过往创伤事件的影响。下面我将就以上情况逐一举例进行说明，并且介绍可能的改变途径。

第一节

不合理认知："化了妆的"负性信念

沟通中影响人们情绪和反应的三种常见认知如下："说了也没用""做得足够好才能获得满意的人际关系，没效果就是我做得不够好"以及"我有理你就该听我的"。小难过、小担心、小善良她们三个人分别是这三种观点的持有者。

"说了也没用"？

小难过是一位名校女博士，容貌秀丽，性格温和，但是她的亲密关系总是出问题。她和对方会在貌似好好地交往一段时间后，忽然爆发矛盾。每次爆发矛盾后，小难过就会想分手。小难过注意到这个问题后，便寻找了心理咨询师的帮助。在咨询的过程中，小难过发现自己身上存在一个问题：当在亲密关系中发生矛盾时，她从来不想着如何解释，也不等待对方解释，而想直接和对方分手。

她为什么会有这样的行为模式呢？她发现自己这样的行为模式背后的想法是：解释了也没有用，有时候还会使事情更糟。她这样的想法是从何而来呢？

小难过回忆了自己的成长过程，她在四五岁的时候，经历过这样一件事。在一个暑假下午，她和表姐在爷爷家里边笑边跑地追逐玩耍，突然爷爷一声暴喝叫住了她俩，说要召开家庭会议。小难过的爷爷奶奶生了好几个孩子，那天下午好几个人都回来了，客厅里黑压压地站了一群人。小难过的爷爷坐在客厅正中的沙发上，喝令两个小孩子站在人群前面，然后开始训斥她们，问她们知不知道自己犯了什么错。

经过一番冗长的"审讯"之后，小难过终于明白，原来她爷爷认为，两个孩子又跑又笑，打扰了他的睡眠，这表明她们心里没有爷爷，不懂得孝顺，犯下了非常大的罪过。爷爷宣布完孩子们的罪过后，要求两个孩子交代自己的动机，并作检讨。按照爷爷家以往的规矩，作检讨一直是按年龄由大到小进行，但是那天，爷爷脸上突然露出了犹豫的表情，然后，他要求小难过先来回复他的诘难。就在那一刻，小难过明显感受到了周围气氛的变化。这种和平时明显不同的处置方式和那一刻的气氛变化，使她突然深刻理解了父亲平常为了哄她睡觉，经常给她讲的《狼和小羊》

的故事。"欲加之罪，何患无辞"，四五岁的小难过在那时虽然还不知道这八个字，但却对这八个字的含义瞬间无师自通了。她意识到，爷爷实际上并不准备真的听她解释，他只是像猫捉到耗子般，在吃下耗子前，为了愉悦自己，随心所欲地玩弄耗子一番。

小难过虽然当时已经意识到了自己的处境，但还是努力进行了"垂死"挣扎，辩解自己没想到下午 3 点家里还会有人在睡觉，并非故意吵醒爷爷的。当然，她"垂死"挣扎的后果就是爷爷变本加厉地呵斥了她，说她之所以没想到，就是因为她没长一颗人心。潜台词就是"你是个冷漠无情、自私自利的畜生"。从那之后，小难过的内心就有了一个牢固的观念：当和别人发生误会时，根本没有必要进行解释。解释不但无济于事，还会使自己的处境雪上加霜。

"做得足够好才能获得满意的人际关系，没效果就是我做得不够好"？

小担心女士今年 30 岁出头了，也是因为婚恋问题寻求咨询的。在咨询过程中，小担心说目前她有两个考虑对象 A 先生和 B 先生。她挺喜欢 A 先生的，但是又觉得他是搞技术的，不太会跟人打交道，这让她非常担忧，甚至不愿和他进一步发展关系。另外一个 B 先生是搞销售的，很会和人打交道，但是和 B 先生相处起来她又觉得不太舒服。她不知道该选谁了。

咨询师听她这样说之后觉得奇怪，就问她："如果你两个都喜欢，选不出来呢，我是能理解的。可你现在说挺喜欢 A 先生的，觉得和 B 先生相处不舒服，答案不是很明显吗？怎么你还是不知道该选谁呢？"

小担心回答："因为我认为人际关系很重要啊，可是 A 先生不太会跟人打交道，我觉得这很危险。我觉得我自己在人际交往方面就很笨，做得不够好，所以必须找一个在人际交往方面有能力的、能做得好的人。"咨询师进一步了解小担心这种"不太会和人打交道就很危险"的想法是怎么来的时候得知，小担心在中学的时候，曾经遭受校园霸凌，被班上两三个女生合起伙来欺负过。她当时对这件事的理解就是："因为我比较笨、不会讨人喜欢，所以我才被霸凌；假使我会讨人喜欢，我做得足够好，这种事情就不会发生了。"这种观念一直伴随着她，在她进行婚恋选择的时候，她依然受这种观念影响，会想着："我如果能学会讨人喜欢就好了，可是现在我仍然没有学会讨人喜欢，所以我的伴侣必须会讨人喜欢，这样我们俩在一起才够安全。"

"我有理你就该听我的"？

小善良是一位 40 多岁的女士。她从小就被整个家族的人公认是个温柔善良的人,长辈们欣赏她,孩子们喜欢她。然而在和家庭成员相处的过程中,有一个人经常会让小善良情绪失控、恼怒不已,这个人就是小善良的表姐小精明。

小善良认为一个人应该表里如一,一个人如果和人当面相处的时候是和和气气的,那么在背后也不该说他人的坏话,可是小精明最常做的事就是和人当面相处的时候非常亲热,但一转过脸来就不停地说对方这里不好那里不好,每当这个时候,小善良都很恼火。她对小精明说:"你如果认为一个人不好,就应该和他说明白让他改。如果他就是不改,你可以从此不和他相处,而不是四处说他的坏话。你这样一边和人家相处,一边又在背后说人家的坏话,算怎么回事呢?你也太不真诚了,你这样做让我很不舒服!"然而无论她对小精明说多少次,小精明都会对她的话一笑置之。她有时候也会觉得小善良说的也有一定道理,但是行为上却从来不会做出改变。

如果小精明只是一个朋友,小善良可能早就选择不再和她交往了,但小精明是小善良的家庭成员,大家还住在一个城市里,不可避免地隔三岔五就要打交道。每次大家碰面时,小善良都会因为小精明的言行恼火,然而当小善良把自己的恼火向其他家庭成员倾诉的时候,大家却会说小精明这样做虽然让人不舒服,但是我们只要知道她是那样的人就好了,完全没有必要为此反复生气。可是小善良就是做不到。

当小善良尝试处理自己对小精明的愤怒时，她回忆起发生在她少年时代的一件往事。当时她和另外两个人是好朋友，但是其中一个人就像小精明这样，总是表面上和两个人都很和睦，私底下却分别在她和另一个朋友面前说对方的坏话。小善良当时还很小，无法辨别什么是真的什么是假的，而被讲坏话的那一方也一样小，一样单纯，最后两个人产生了很大的误会，激烈争执一场后，她们的友谊破裂了。小善良一方面觉得自己深受委屈却无处诉说，另一方面又觉得自己被抛弃了，被伤害了，所以她产生了这样的想法：一个人如果认为另一个人不好，就应该和对方说明白让对方改，如果他就是不改，你可以从此和他不相处，而不是四处说他坏话。

上面的三个故事中，几位当事人在处理人际关系问题时，都呈现出一些不合理的认知。这些认知都是过往的创伤事件带给她们的负性信念衍生出的想法，因此我把它们称作"化了妆的"负性信念。

比如小难过，当咨询师询问她："世界上所有人都是你的爷爷吗？"她回答说："不是的。"咨询师继续问："那什么原因让你觉得，不管和谁在一起，产生误会后，解释都是没用的呢？"这时候，小难过意识到，在她的"解释不仅是无用的，还会让自己的处境更糟"的背后掩盖着的负性信念是："我是无助的，没有人会来帮我"。而当她意识到自己已经离开了过去那个环境,现在有很多朋友会在她遇到困难时帮助她,她在遇到不公平待遇的时候不必再默默独自承受的时候,她就开始愿意在和人发生误会的时候尝试着沟通了。

对于小担心,咨询师对她说:"我的看法和你不一样。我觉得你即使不讨人喜欢,也不必因此遭受校园暴力。如果当时你是你们校园里力气最大的人,谁也打不过你,你也敢于维护自己的权益,那么那几个女生未必就敢来欺负你吧?"咨询师的回答让小担心感到震惊,这个回答突破了她过去的认知。她忽然意识到,她的问题并不是能不能讨人喜欢,而是她认为"我无法保护自己"。如果她能够把观念更新为"我现在可以保护自己了",那么"未来的伴侣是不是足够会和人打交道"这个想法就不会再影响她的婚恋选择了。

至于最后一个故事里的小善良,她意识到少年往事带给她的负性信念是"我很不安全,无法相信他人"。她现在意识到,目前所处的环境和当时已经不同了,家里的人都知道小精明是个什么样的人,即使发生了什么矛盾,她也有辩解和说明的机会,过去那种被挑拨离间、失去信任和友谊的情况并不会再次发生。

当想通这些后,虽然小精明的行为还是那样,小善良还是会感到不舒服,但是她已经不会像过去那样深陷在恼火中不能自拔了。当她感受到不舒服的时候,她还会用呼吸放松或者想象卡通角色等技术来帮助自己改变情绪。当她想象小精明是只唐老鸭的时候，即使听着她继续说他人坏话，小善良也不再感到那么恼火了，只是感到对方很可笑。

从上面这些例子中我们可以看到，有时候，不是我们不具备发展人际关系的能力，也不是我们天生敏感脆弱或多疑易怒，我们在人际关系中的高敏感反应依然源自过往我们经历的创伤事件，只不过我们意识不到这些影响罢了。如果我们想更好地改变自己在人际关系中的高敏感反应，就需要我们去发现、面对和处理这些创伤。而这部分工作，有些可以通过自助完成，有些则需要寻求专业人士的帮助。

第二节

不合理认知：对维持人际关系的因素的误解

个体在成长的过程中，除了受创伤经历的影响，还会接触到大量家庭和社会传递来的如何处理人际关系的看法，这些看法有可能包括一些不合理的认知。当我们不知不觉接受和认同了这些认知后，这些不合理的认知就会影响我们在人际关系中的情绪和行为。

比如上一节举的小担心的例子，她对被霸凌的理解为什么会是"我比较笨、不会讨人喜欢才导致我被霸凌"呢？是什么原因让她没有认为"是我不够强大才导致我被霸凌"呢？这种对问题的理解方式，可能来自小担心早年在家庭中和父母的互动模式。比如，她的父母是需要被讨好的，如果她足够讨他们喜欢，才能得到比较好的待遇。这种理解方式也可能来自她的父母对她的教导，也许当她和父母说了自己被霸凌的事后，父母会埋怨她："都是因为你不会和人打交道。你肯定得罪人家了。要是你做得足够好，让人家喜欢你，就不会有这些事。"而当时不知如何解决困境的小担心也就接受了这种解释。

但是，人和人的关系真的是只要我们足够讨对方喜欢，就一定能维持下去，甚至能够按照你的愿望良性发展吗？并不是这样的。社会心理学中的社会交换论认为：人们是否会维持和对方的关系在于人们认为他和另一个人交往时得到的回报和付出的成本是否均衡。

可以用一个公式来体现这个理论，也就是：回报 – 成本 = 收获。

人们如果长期感到收获大于0，那么就会维持这种关系；

人们如果长期感到收获小于0，那么就会终止这种关系。

如果收获等于0，人们会根据具体情况决定某一次与人交往的态度。

在这里，回报和成本可以是可具体衡量的，比如金钱的回报，其他形式的实际物质收益，或者能带来物质收益的人脉资源；也可以是虽不能具体用物质衡量但能感受到的，比如情感上的支持，自尊被满足，等等。人们虽然不会特别精心地时时刻刻都计算成本和回报，但是，所谓"公道自在人心"，对于在一段关系中的得失，人们心里都有大致衡量，没有人能够自愿地长期忍受一直在吃亏的关系。

有些婚姻和情谊的建立，也是处于一种非正式的交易状态。例如，在我需要寻找食物喂养我的孩子的时候，你提供了食物，那么我就愿意和你待在一起，听你谈论你的情感的高低起伏，甚至愿意和你发生身体上的关系。

从人际关系的交换性上来看，大家是否认为，一个人真的只要足够可爱就能维持好一段人际关系？在一定情况下可以。如果你的这种可爱恰恰能够满足对方需要，而对方在其他方面又没什么更重要的需求的时候，你只要足够可爱就能维持一段关系。但是如果你交往的这个人没有对可爱的需要，或者，他有其他需要远远高于可爱这种需要，那么，你再可爱，对这段关系也是无济于事的。

拿一个例子来比喻。有个人非常喜欢自己养的宠物狗，觉得这条狗真的非常可爱，他对狗也很好。但是，忽然有一天，另一个人拿了很多钱来买这条狗。此时此刻，养狗的这个人如果很需要钱，比如他家里有人住院了，等着钱去救命，那么，他往往会把狗卖掉。因此，维持一段人际关系的关键不在于一个人有多可爱，而在于，这个人能在多大程度上满足对方的需要。

如果你是个特别有能力的人，即使你脾气不好，但只要跟着你有肉吃，也会有人义无反顾地跟随你，并主动接纳你的坏脾气，甚至还会为你开脱。这时候可能又会有人说："对啊，就是因为我没有能力去满足对方啊，所以我只好追求可爱了。"那么，从这句话中，大家是否能看到这个人依旧存在一个对自己的负性信念即"我没有能力"？"我没有能力"到底是事实，还是一个因为过往记忆产生的不符合目前实际情况的观念呢？维持人际关系需要你具备怎样的能力呢？是需要你能满足对方的全部需求吗？

如果一个人的所有需求都得靠你来满足，那么他有什么价值值得你如此维护这段关系呢？他在这段关系中完全是个索取者，对你没有任何帮助、支持，这样的关系存在，对你又有什么意义呢？有什么必要去维持呢？维持一段人际关系固然需要你能满足对方，同时也需要对方能满足你。一段好的关系是双方彼此满足，是双向的关系；而不是单向的、一个人对另一个人全然满足的关系。

可是很多对人际关系感到焦虑的人经常会完全忽视这种人际关系的双向性。他们完全意识不到自己也是有价值的，在一段人际关系中也是有分量的，对方也会担心失去自己。而这种对自己价值不由自主的忽视，可能还是存在于内心的"我没有价值"这种负性信念的体现。那么这种在我们意识不到的情况下，使我们总是为人际关系中自己的言行感到焦虑、感到不安的负性信念又来自何处呢？

其实还是来自我们过往的记忆。请大家回顾之前小紧张的故事。她因为在她小时候时妈妈说不喜欢她，想要男孩，所以有了"我是没有价值的"负性信念。她即使在成年后，已经成了高校老师，长相好，业务好，脾气好，也依旧认为"我没有价值"，认为自己需要对人际关系负起全部责任才行。因此她在人际关系中总是不由自主地表现出讨好模式，不断妥协，常为别人毫不在意的小矛盾、小冲突焦虑不已。

实际上她还被束缚在过往的记忆中，没有生活在当下；而当她通过发掘积极经历，树立了"我有价值"的信念后，她在人际关系中就不那么焦虑了。如果你现在发现自己在人际关系中也会忽视自己的价值，会不由自主地认为维护人际关系的责任都在自己身上，并为此感到压力巨大，那么你的当务之急，不是努力学习如何才能表现得更好，而是要去寻找造成你自认为低人一等的过往记忆，然后对这些记忆加以处理。

另外，有时候，我们通过回忆还会发现，我们对人际关系的各种认知误差似乎并不是来自我们自己的经历，而是来自父母观念的传递，即发生了"创伤的代际传递"。创伤的代际传递指的是：创伤对人的影响不会局限于受创伤者本人，还会传递到他们的下一代。施琪嘉主编的《创伤心理学》中引用的凯勒曼（Kellerman）的研究表明：从心理健康的方面来看，症状传递构成创伤代际传递的主要内容。症状包括认知和情感两方面。与症状高度相关的是人际功能，包括家庭功能。创伤者后代的人际缺陷主要表现为过度重视家庭中的依恋关系和对家庭过分依赖，并夸大建立亲密关系和解决人际冲突的难度。

如果我们目前人际关系中的高敏感是父母的创伤引起的，那么，为了阻断这种创伤向下传递，为了避免它对我们的孩子产生影响，我们更需要从现在开始改变自己的高敏感反应。

第三节

放弃不合理认知，更新互动方式

　　人们被一些不合理的认知影响时，在和人互动的时候，往往会采取错误的互动方式。比如在和人互动时，当没取得自己想要的结果时，有些人往往会认为，还是自己沟通得不够好。他们会认为，只要有足够好的沟通技巧、足够清晰的表达，一切冲突就都能化解，然而实际上，有时候解决问题的关键并不在沟通技巧和表达的清晰度上。

　　设想一下，当一个人清楚明了地向你表达了他就是要抢你的钱包，你也确实明白了他的目的的时候，你真的就能发自内心地理解他，或者同意他的要求吗？显然并不会。这个时候，他运用怎样高超的沟通技巧能让你同意他的行为呢？你能想出来吗？

　　在生活中这种例子也比比皆是，比如孩子清楚明了地表达了他想再吃一根雪糕，或者他特别想要一个玩具，或者他就是喜欢玩电子游戏，父母就一定会完全理解和同意吗？或者父母要求孩子好好学习，要求孩子在什么年龄段结婚，他们的意思表达得非常清楚明白，孩子也绝对没有误会，这就意味着孩子能够理解并且同意父母的想法吗？

清楚明白地表达自己的意思，也让对方理解了你的意思，并不一定会达到让你满意的人际互动效果，有时候这样的沟通方式还会成为人际问题的诱因，比如当你如实对你的朋友说"这身衣服不适合你，你穿上它显得又矮又胖，像个矮冬瓜，居然还花了一万元，太不值了"的时候，你的朋友会清楚地知道你的意思，对你也完全没有误解，但他未必会就此对你产生信任和爱。

如果想在人际互动中达到"通过沟通，对方就能按我的期望来配合我"的这个目标，我认为最关键的是：互动双方要有能沟通的基础，或者更直白地说，当对方忽视你的意见时，他可能会面临损失——这种损失才是对沟通双方的真实约束力。

当沟通的基础不存在的时候，你的态度再好，表达再清晰、再有技巧都是没用的。比如 1919 年五四运动的导火索——巴黎和会中国外交失败。当时中国作为战胜国，中国代表在和会上提出"废除外国在中国的势力范围、撤退外国在中国的军队"等正义要求，却被拒绝。

当时参加巴黎和会的中国外交官，他们的表达能力够清楚吧，谈话技巧够高超吧，态度够好吧，但是为什么无法做到让对方给予自己公平待遇呢？因为对方不需要跟你沟通，不需要考虑你的意见或感受，就能达到他们的目的。

在日常的人际互动中，人们如果意识不到沟通基础对人际互动的影响，那么在和人互动的时候，就可能会往错误的方向努力，而且会越努力越失望。当不良情绪堆积得越来越多时，人们在忍不住的时候发泄出来，反而破坏了关系。

大家是否还记得本书第四章中提到过的小美？小美人如其名，非常美丽，而且也很有能力，不到 30 岁就有了自己的公司。但是，她的成长过程充满了创伤，她的父母几乎时时刻刻在贬低她、打击她，从来不曾让小美感觉到自己是被爱的、有价值的。小美印象最深刻的一件事是，她上小学的时候和同学起了冲突，被同学打歪了鼻子，流着血被送到了医院，她的父母听说了这件事后的反应是第一时间冲向医院，把小美从病床上拖了下来，对她连打带骂。

长时间被这样对待，小美形成的认知就是"我是没价值的，不可爱的""我只有做得足够好，才不会受到伤害"。在她成年后开始谈恋爱的时候，她特别容易被"成功人士"吸引，特别享受恋爱初期那种被追求的感觉。一旦进入恋情平稳期，她就开始焦虑不安，一方面会想方设法找对方的麻烦，希望对方能恢复恋爱初期的表现；另一方面又会想方设法讨好对方，唯恐对方会因为自己表现得不够好而离开。

　　小美本以为自己讨好男友会让男友更爱她，但实际上，她的男友越来越不在乎她。小美为此感到非常愤怒和委屈，就寻找心理咨询师想判断自己应该继续坚持这段关系还是离开。心理咨询师说："关系出现问题时你不必急着离开，要先看看这段关系为什么会发展成这个样子。你在处理关系的时候可能是有问题的，如果这些问题不解决，还会被带到新的关系中去。"小美听到咨询师这段话后，就直接将咨询师的话理解为"你在处理关系时是有问题的，你做得还不够好。因为你做得不够好，你与男友的关系才会发展成这样。"

　　于是小美回去后继续向男朋友展示自己有多爱他，多离不开他，同时努力做到更温柔、更顺从、更深明大义，希望能借此来打动男朋友。但遗憾的是，她发现自己越这样，得到的越不是自己想要的。男朋友可能会心软、被打动一下，但随后会比以前更肆无忌惮地吼她。小美又委屈又愤怒，觉得咨询师指导得完全不对，实际上咨询师并没有指导她做什么，是她自己对咨询师的话理解得不恰当。

　　当小美向咨询师表达自己的不满时，咨询师没有立即回答她，而是了解了小美和男友随着关系发展，二人互动模式的变化过程，然后说："我想，你在处理关系时的问题，恰恰不是你做得不够好，而是你做得'太好'了。"

咨询师告诉小美，她看到小美在和男友互动时，一直向男友传递的信息就是"我不行，我没本事，我很可怜，我离不开你"；男友持续接收到这样的信息时，也会慢慢认同，并被她传递的信息影响。一个人如果从心底认为自己确实没价值，和人互动时表现出的就不是值得被尊重的状态、不是值得被在乎的言行，她怎么可能得到尊重和在乎呢？

用一个例子来说明，如果你是一头狮子，你为什么总要拿出兔子的态度和一只狐狸打交道呢？这只狐狸一开始会被你的狮子外表吓住，对你毕恭毕敬，但交往一段时间后，狐狸就会认定你只是一只披着狮子外皮的兔子，对你的态度就会从一开始的小心翼翼，谨言慎行，发展到逐步试探，然后再发展到肆无忌惮、毫无顾忌了。

你除非发自内心认为自己确实是头狮子，才有可能在和狐狸的相处过程中获得尊重。你需要做的，不是去做一只更柔顺听话的兔子，而是拿出狮子的派头和技能来，狠狠给狐狸两巴掌，你俩的关系才有可能往你希望的方向发展。在这里，小美想和男友拥有令她满意的关系的基础就在于：让她男友认为她是有价值的，是值得珍惜的。这才是她和她男友"沟通的基础"。如果她意识不到这些，一味去看管、去抱怨、去示弱、去服从、去讨好，都只会劳而无功。

那小美需要做的是什么？是去整容变得更漂亮？还是去挣更多的钱？都不是。她需要做的只是从心底改变自己认为自己"不可爱、没价值"等负性信念，以及在和男友互动的时候，按照一位自认为充满魅力的女士的行为方式去行动。

因此，当人际关系让你感到烦恼的时候，你不妨抓住那些激发出你特别不好的情绪的时刻，去觉察一下：自己的这种不良情绪到底来源于何处，又为何会如此强烈？背后你的认知是什么？在这些认知的影响下，你是怎么和他人互动的，从而使你们的关系发展成了目前你不想要的样子？针对这些认知和行为，你只有做出改变，才有可能改善关系。或者，你也会发现是对方的问题，那就考虑去发展真正适合你的关系。无论做出哪种选择，你都改变了。这种改变与沟通能力和沟通技巧无关，与你内心对自己的信念有关。

第十二章

接纳：寻找真实的自己，拥有真实的人际关系

"虽然他只是个年轻的银行职员，工作时间很长，领很少的薪水，但他跳舞、唱歌、游玩、和人打情骂俏——然而，这个天生活泼快乐的他，在 1914 年至 1916 年中的某年被'杀'了。我想，我最棒的那个父亲已经在那场战争中死亡，他的灵魂被那场战争践踏得残破不堪。我遇到过那些认识年轻时候的我的父亲的人，尤其是女性，都会提到他的快乐、他的活力、他的享受人生的态度，也会提到他的亲切、他的善良，还有那不断被提及的他的聪明……我想他们应该认不出那个我认识的父亲——病恹恹、暴躁不安、失魂落魄、忧郁苦闷。"

这是朱迪思·赫尔曼的著作《创伤与复原》中对自己父亲的描述。这位父亲因为战争产生了心理创伤。这些创伤症状持久且对他的生活产生了广泛影响。但是，在生活中这些创伤症状却很容易被认为是这个受创伤者本身的人格特质，比如被别人或被自己认为是"高敏感"者。

为什么别人都开开心心的，你却不容易高兴起来？

为什么别人觉得生活挺有意思，你却总是感到了无生趣？

为什么没引起别人什么反应的事，却让你那么暴躁易怒，或者纠结烦恼，或者恐惧担忧？

这可能都是创伤造成的结果。

就像本书前文说明的那样，创伤事件不仅仅指那些地震、火灾等直接危及人的生命的事，它还包括所有那些看似不那么严重、却经年累月长期发生的事，比如被养育者语言贬低、情感忽视、情感侵入。在生活中受到威胁、长期处于压力环境造成人们对日常生活的适应能力下降也是创伤的一部分，对人际关系高敏感只是创伤反应的一个方面。我们如果需要应对自己的高敏感，就需要重建自己的生活，把那个被打碎、被"杀"死的，曾经快乐、轻松，能够感受到生活乐趣的自己找回来。

第一节

克服高敏感其实是在寻找真实的自己

　　这本书里提到的案例的主人公，不管是小脆弱、小紧张、小害怕，还是小愤怒，他们并不是生活中哪一个具体的人，而是生活中成千上万个遇到困难的真实的人的集合体。在我写下他们的故事的时候，他们仿佛就在我的身边。他们可能是正在看这本书的你，他们也可能就是我自己。

　　在出生的时候就是非高敏感的体质、在成长的过程中也没有被各种挫折激发出高敏感反应的人固然是幸运的，然而在这个世界上又有几个人能这么幸运呢？所以，带着先天的不足，又经受了后天的挫折，却仍然有勇气克服这些困难，努力为自己开创安居乐业的心灵家园的我们每一个人，从一定意义上来说，都是完成了英雄之旅的古希腊神话中伟大的英雄赫拉克勒斯。从一定的角度来看，这段英雄之旅实际上也是一个寻找自己，并成为自己的过程。

你做一件事之前可能意识不到"原来我还有能力做成这件事"。在解决问题的过程中，你的智慧被激发，你隐藏的技能被点燃，你会对自己有更充分的认识，发现原来自己是那么一个了不起的自己。如何才能找到这个了不起的自己，从而安下心来，彻底脱离高敏感，建立自己想要的人际关系呢？看看小完美和小胜利的故事。

很多人提起小完美女士，都非常欣赏和羡慕，认为她漂亮、有才华、有能力，实际上小完美确实也是如此。她从小学习成绩优秀，学业一路顺畅，世界名校毕业，目前自己创业，小有所成。此外，她还会做饭、做衣服、换灯泡、装柜子、修家电，等等。可以说，女人会做的事，她会；男人会做的，她也会。甚至普通女人以及普通男人都做不了的一些事情，她也会。这样一个优秀的人，光彩显然是掩藏不住的，因此从小学起就有很多人追求她。然而，以上我们说的这个优秀的人，并不是小完美心目中的自己。

在小完美心里，她认为自己一无是处，什么都干不好，不如别人美丽，不如别人可爱，不如别人有成就。在工作中和人打交道的时候，她通常是吃苦耐劳，以妥协和让利换合作的那类人。在生活中，她的恋爱婚姻屡遭挫折，她一跟男性接触就患得患失，担心对方嫌弃自己。她结过两次婚，找的男人学历不如自己，收入不如自己，最终这两次婚姻都以离婚收场了。于是小完美更觉得自己是一个失败、一无是处的人。

小胜利和小完美截然不同。小胜利先生今年40多岁，是一位商人。他身高不足1米6，体重至少70公斤，五官在一般人看起来评分不会太高。然而小胜利发自内心地认为自己是个帅哥，能干并有魅力。他在跟人打交道的时候总是热情开朗且不卑不亢。因为小胜利这样的行为表现，所以和他打交道的人也慢慢地都忽视了他的外表，认为他确实有魅力、有能力。他交到了不少朋友，生意也做得相当不错。

像小胜利一样不被自己的外表束缚的人不少，比如2005年被提名为"澳大利亚年度青年"的尼克·胡哲，天生没有四肢，但是他拥有两个学士学位，还是企业总监，为人乐观幽默、坚毅不屈，积极鼓励身边的人，30多岁的时候已经走遍世界各地演讲，接触听众逾百万人，激励和启发了他们的人生。

这个故事似乎说明了世界上存在着两个自己，一个是我们以为的自己，一个是别人看到的自己。那么对小完美和小胜利来说，哪一个"自己"影响了他们的生活呢？是他们以为的自己，还是别人看到的自己？显然，是他们以为的自己。

我在之前的章节中提到，一个人刚出生的时候，不知道自己是好人是坏人、是男是女，不知道做什么是合适的和做什么是不合适的，是我们所处的环境把这些内容告诉了我们，或者通过环境的反馈，我们接收到了这些信号。通过这些信号，我们对自己、对他人、对世界以及对我们和环境的关系做出评价。这些评价属于认知部分。我们根据自己的认知来和环境进行互动。

比如丑小鸭，它本来是只天鹅，本来应该自信的，但是当它不知道自己是只天鹅，并且被环境不断告知："你是一只丑陋的、另类的鸭子"时，它的表现是怯懦自卑，非常想讨好环境，容易慌张。

那么在小完美的人生中，她得到的外界环境对她的首次反馈是什么呢？是母亲对她说："我们根本就没有想到你会来到这个家庭。我们当时是准备暂时不要孩子去环游全世界的，你的到来完全打乱了我们的计划。"后来在青春期的时候，有一次小完美问她父亲："你觉得我的长相能打多少分？"如果是个懂点儿心理学的父亲，可能的回答是"100 分，我的女儿在我心里就是最美的！"可是她的父亲说："也就 60 分吧，甲乙丙丁的丙等靠下。"基于外界传递的这些信号，小完美心里形成的对自己的认知是"我是不被欢迎的、不被喜爱的""我是被嫌弃的"。而人本身又有建立人际关系的需要，所以她发展出来的人际交往的模式就是"讨好""妥协""在关系中努力付出"。她尽一切力量来避免人际关系中的风吹草动。

在婚恋关系中，小完美会选择和那些不如她的男人在一起，一方面因为她低估了自己的价值，认为这些人和她是匹配的，甚至认为这些人是比她强的；另一方面因为在这样的关系中，她能感觉到自己是被需要的，这让她感到很安全。事实上，这些不匹配她的人确实需要她，他们需要她提供情感价值和丰厚的物质，但是，他们并不比她强，所以，他们满足不了小完美的需求。随着关系的持续发展，小完美必然会感到压抑和委屈，当她坚持要求得到同样的对待时，双方的矛盾冲突就会层出不穷，矛盾发展到一定程度，关系也就会自然而然终止了。

在工作方面，小完美虽然专业能力强于其他人，但是因为她自己认为不如别人，所以总是表现得过分谦虚。她在和人交往时总是紧张不安，从不敢为自己争取权益。她认为，只要一争取权益，关系就会变差，她的处境就会更糟。她不敢争取机会，永远在妥协，因此，她的事业也得不到更大的发展。

如果小完美想得到满意的生活，想不再在人际关系中焦虑不安，她就必须改变这种认为自己一无是处，必须讨好别人才会被喜欢、才安全的自我认知。她必须去寻找真实的自己，而不是被过去环境塑造的认知限制，否则，她就只能不断地重蹈覆辙。

第二节

改变自我认知：寻找"新的镜子"

　　小完美的自我认知如何才能变得和她的真实样子一致呢？如果说，向一个人传递"你是什么样子"的外部环境是一面穿衣镜，那么，塑造了我们不恰当的自我认知的外部环境就是一面哈哈镜。当找到新的、其他能客观反映我们样子的"穿衣镜"时，我们就有可能看见自己真正的模样。这些其他镜子就是一个人在生活中遇到的其他人，需要我们主动参与社会实践才能接触到。

　　还是以小完美为例，因为她总觉得"我不行""我不可爱""我很弱小"，终于有一天，她被一名掌握了她这样心理的男子以商业合作的名义诈骗了。这个男子一边吹嘘自己有多强的背景和商业资源，一边对小完美表达认可、支持和关心，诱哄小完美给他虚构出的商业项目投资。在这个过程中，很多朋友都看出了不对劲儿，对小完美各种劝说、提示，但是都被小完美忽略了。直到两三年后，那名男子感觉在小完美身上再也榨不出油水便离开了，小完美才逐渐明白过来。

陷入痛苦的小完美回顾整个事件，反思自己是怎么一步步地走到现在的境地的，这时候她才发现，原来她内心对自己的看法是"我不行""我不可爱""我很弱小"，所以她在行为上表现出畏惧困难，回避主动和人打交道。与此同时，她的依赖心理也很重。这些问题过去就长年累月地影响着她，只不过造成的后果没有这次严重罢了。

小完美尝试着重新看待自己。首先，她从骗子的角度看，意识到自己是有价值的。如果她没有价值，这个骗子就不会把两三年的时间都花在哄骗她上，只是她自己认为自己没价值罢了。从这个角度说，这个骗子也是一面镜子，映照出小完美是有价值的。然后，在解决这件事的过程中，她鼓起勇气向她的同学、同事和朋友求援。小完美本来只是带着尝试的态度去求援的，因为她觉得自己"不可爱""没有价值"，所以，她在求援的时候，也做好了不被搭理的心理准备。然而，出乎她意料的是，她的同学、同事、朋友得知这件事后，都积极地向她提供各种帮助，包括提供律师的资源，询问她有什么实际需要，表示可以随时联系等。这些回应几乎把小完美惊呆了，也使她不由得强烈认识到"我一定是做过些什么让别人认可的""我是有价值的"。

小完美回顾和这些朋友的交往过程时发现，当时她并没有特别做过什么。比如，大家在学习时需要一起读一本书，小完美就组织大家成立了读书小组，然后提出读书的方式，协调活动时间，组织大家一起认真读书，真诚讨论，因此，她在读书小组认识了很多朋友。在这个过程中，她没有特意讨好谁，也从来没有特意经营过关系。再比如，她和从前的同事交往也是这样，大家都在认认真真做事，遇到困难就讨论，交流思想，看怎么能把事情做好。通过回忆，小完美意识到，原来真实的她已经足够可爱、足够被人认可，并不需要去特意讨好谁。而且，她确实是有能力的，她的能力体现在对事情的处理、对任务的完成上。

随着照这些新镜子，小完美越来越能看到自己本来的样子，发现自己的长处，不再把注意力集中在自己认为自己不够好的那面上。当她重塑了对自我的认知后，她在人际关系中的高敏感慢慢消失了，开始自信地面对生活。她开始能不畏惧人际关系中的冲突，坚定地维护自己的权益。当她再遇到合作方违反合约时，以前她的处理方式都是"好吧，虽然合约要求你赔款，但是你可能确实情有可原，为了今后的合作，这次就算了"，现在小完美虽然带着忐忑，但仍然坚持要求对方按合约进行赔偿。她没想到，对方的反应是不但赔了款还道了歉，表示下次合作的时候一定会注意。这一次的经历再一次对小完美形成了正性反馈。她感到，生活的良性循环已经开始了。

寻找新镜子需要我们行动起来。如果不鼓起勇气去和他人互动，我们就永远不会有得到新镜子的机会。如果你仍然缺乏勇气行动，可能是因为你的心理还是处在一种不安全的状态中。我们在之前的章节中提到，当我们的大脑判断我们处于危险的环境的时候，我们所有的注意力都会集中在面对危险上，而无暇顾及其他的事。

这就像一个人在深夜被狼群包围的时候，他的注意力只会集中在如何逃跑或如何打狼上。其余的信息，比如现在饿了，脸和胳膊被树枝划伤了，他是根本无法注意到的。只有在把狼全都打死或打跑了，天也亮了，支援的人也都来了，这个人感到安全之后，才能松一口气，也才能发现："天哪，我怎么这么饿啊，我的脸还被划伤了，哎呀，我的衣服也早就被扯破了。"他才有精力顾及其他的事。

如果你目前还处于感到特别不安全无法开始新的行动的阶段，建议回到前面的章节，重新尝试建立安全/平静之所、学习各种能让自己稳定的技术，寻找新的资源，然后再继续尝试开启新阶段，或者寻找专业人士的帮助。在寻找自己的过程中，有时候人们还会遇到这样的困难：他们准备按照自己的需要行动时，会自我怀疑，甚至自我谴责，心想："我这样做对吗？"或者"我这样做可以吗？"如果你也有这样的时刻，我建议你从两个方面来帮助你自己。

我总是想太多：人际高敏感自救指南

尊重你的感受

人本主义心理学家罗杰斯认为生命体天生就有着自我成长、自我实现的本能，就像冬天储藏的土豆，在合适的环境中会自己长出芽来。发芽就是土豆生命力的展现。人类也一样，每个人都拥有真实的自我，有能力根据自己的感受对自己的经验进行评价。比如，一个人在饿的时候吃到可口的食物，觉得幸福而满足，这个经验就是好的，受欢迎的。但是，一个人不饿的时候被强塞进去很多食物，就会觉得痛苦，这个经验就是坏的。通过这样的经验，这个人就能知道，饿的时候才需要吃东西，以后他就能根据自己的这些经验，对要不要吃东西、何时吃东西做出自己的选择。这样的选择能帮助一个人保持内外一致，从而发挥自己的最大机能。

这种根据自己的实际感受去评价自己经验的过程被称作"机体评价过程"。这个评价过程是每个人生而具有的内在向导，但人在成长的过程中，这种依靠自己的感受对经验进行评价的过程有时会被破坏。比如，当你不觉得饿的时候，你的抚养者对你说："看你瘦成什么样了，都是因为你不好好吃饭，这对身体可不好。"然后逼着你吃下很多食物。长期处在这样的环境中，你就会变得糊涂，难以分辨"不饿的时候吃很多东西"是你需要的还是你不需要的。

因此，如果你想寻找真正的自己，首先就要尝试尊重自己的感受，而不是遵从那些长期影响你的外界声音。另外还要提醒一点，你只有遵从自己的感受采取行动，才能在互动中让别人看到你真正的样子。如果你以伪装出来的样子示人，那就像给自己涂脂抹粉，还换了衣服，然后才站在镜子前面。这个时候，就算镜子再清晰、再平坦，照出来的也不是你真正的模样，你依旧无法通过这样的互动看到真正的自己。

尝试做自己的父母

大多数父母在养育孩子的时候，都会尽其所能。但是因为他们本身可能缺乏恰当的方法，可能受到过往创伤的影响，也可能继承了不知具体源自何处、代代相传的那些伤痛，所以，在养育孩子的过程中，他们无法做得尽如人意。

比如小完美的母亲，她对小完美说"我们根本就没有想到你会来到这个家庭里，我们当时是准备暂时不要孩子去环游全世界的，你的到来完全打乱了我们的计划"这句话的时候，她其实想表达的是："我的孩子，我多么爱你呀！你是那样珍贵，我为了你，宁愿放弃原先的人生规划！"当她的孩子误解了她的话满怀焦虑不安时，她对孩子的这些表现一开始完全没有注意到，注意到后又无法理解。她一边爱自己的孩子，一边又觉得自己的孩子古怪，同时也会把对小完美的嫌弃表现出来。

然而，我们无法选择父母，过去发生的一切也已经无法改变。作为成年人，现在的我们可以想办法决定：如何应对过去这些经历产生的后果。假设我们可以改变，那么我们就可以避免创伤影响自己并传递到我们的下一代身上。既然我们的父母给不了我们他们没学过、不曾拥有的东西，我们自己就来给自己这一部分吧。在我们改变的过程中，当产生自我怀疑、自我责备时，我们不妨想象一下：假如我们自己是一个对孩子饱含爱意的父亲或母亲，这个时候，我们会对自己说些什么？

用你觉得好父母会有的样子温柔地对待自己看看。这是很困难的一步。我们很多人没有办法做到，尤其对自己没有办法做到。我们会用从小到大从生活中学来的那些方式对待自己，包括但不限于：把自己和别人进行比较；不断地对自己说"你看你没人家聪明，没人家有本事，没人家发展得好 —— 你就是不如别人，你不值得被爱"等等。

但从现在开始，我们可以学习改变这种态度了。你可以对自己说："人家天生就是健康的，而我天生就不够健康。我在成长的过程中受了那么多伤，现在还好好地活着，还能带着这么多伤走到这个地方，虽然我没人家跑得远，但是我也真的太了不起了。"

这就像当我们在运动场上看到一个运动员摔倒受伤了依旧爬

起来艰难坚持，完成比赛一样。即使这个运动员的成绩是最后一名，我们也都会情不自禁为他鼓掌，为他感动。现实生活中，当自己就是那个受伤的运动员时，我们也要为自己鼓掌，发自内心地觉得自己非常了不起，而不是对自己说："啊，你怎么落后这么多，你看你居然没取得好成绩！"从现在开始，改变自己对自己的态度，用那种当你童年受伤时，你希望父母怎么对待你的态度来对待自己吧。

第三节

三个方法做真实的自己

除了上一节介绍的那些方法，下面这些方法也可以帮助你重新认识自己，重新开启你的人际关系。

第一，寻找生活中让你开心或留恋的事。

过往的一些创伤性记忆，让我们不知不觉在很多方面发生了改变，比如它们使我们选择性地只关注生活中带给我们压力的那部分，体会不到生活的美好。在这种状态下，人际关系对我们来说不再具有支持性，而成了有压力的部分。如果想降低自己的敏感度，并且建立和维持好关系，那么我们首先得重新看待生活，寻找生活的乐趣。假使我们能真真切切地感受到生活的乐趣，那么一些疼痛对我们来说就会变得不那么难以忍受，我们也会因此变得更加积极主动。

生活中的乐趣就像生命中的光，我们生命中的光越多，我们就越不怕黑暗。在这样的状态下，我们倾听他人、理解他人，都是发自我们内心，而不再是出于恐惧，担心被指责、被抛弃或被惩罚。因为我们知道，当我们需要的时候，对方也会倾听我们，理解我们，努力来帮助我们。

那么请你想想，现在你的生活中有什么能让你喜悦或安心的事吗？你拥有的也许比你想象的多。比如你拥有一份能给你温饱的工作，你拥有健康的身体，你拥有一个能让你当作港湾的家。

有一位年轻的女士在读硕士的时候因为担心无法毕业焦虑不堪。在她入学之前，隔壁学校正好有两个博士在读生跳楼自杀了，所以在焦虑到一定程度的时候，她也考虑过相似的行为。在这个时候，她意识到了自己的问题并开始寻找生活中让她感到开心和安心的事。她想到和父母互动时的一些温馨的时光，想到自己身体很健康，父母才50岁出头身体也很健康，整个家庭没有外债。她想，她只要自己愿意，就可以随时退学，然后回家找一份工作，踏踏实实地过日子。摆在她面前的并不是一条绝路。

她的这个思考的过程，就是一个发现了生活的乐趣，客观看待自己生活的过程。大家也可以寻找一下自己生活中让你开心或留恋的事。你如果目前找不到乐趣，那可以去培养乐趣，了解什么能使你开心，给自己娱乐的机会，甚至可以制定娱乐时间表来放松自己。你还可以庆祝自己获得的每一个小成果。不要忽视生活的乐趣，不要觉得这些不值一提，因为这些都是生活必要的。

第二，确定你的人生目标。

在我们寻找生活乐趣的时候，过往的一些不好的记忆和负面情绪很可能会时不时卷土重来。每到这个时候，记得告诉自己："那些都过去了，现在我不会失去更多。我可以从现在开始创造我想要的生活。"可是，你想创造什么样的生活呢？你是曾经有过目标，因为过往创伤不知不觉放弃了，还是从来没顾得上为自己的生活设立目标呢？

心理学家艾瑞克·伯恩（Eric Berne）这么定义人生目标：能够让你感到人生完整，能体现你拥有的特殊才干、天赋技能或最热切的愿望；而不是让你局限于狭隘的需求，关注自我以及受人支配的行为……在这样的人生目标的指导下，人们会感到自己的生活更有意义，而不是感到生活索然无味。那么你的人生目标是什么呢？如果你已经有确定的人生目标，你可以把它写下来，常常看看。

如果你还没有确定你的人生目标，这里有几个问题供你思考，看看面对这些问题你会怎么回答，这些思考又会把你引向何方。

1.你对自己正在做的工作有何感受?

2.你如果想继续接受教育,会选择什么领域呢?

3.你有想要学习的技能或想要培养的兴趣或爱好吗?如果有,是什么?

4.如果为你的人生写一句座右铭,会是什么?

5.如果你能做成一切想做的事情,那么在下一年,你希望做成的事情是什么?接下来的5年呢?10年呢?

6.对你来说什么样的价值观最重要,而且能给你最大意义?你重视钱财吗?重视物质财富吗?重视身体健康吗?重视亲密关系吗?你认为最重要的是家庭吗,是朋友吗,还是精神力量?

7.如果要你做出承诺来做成你生活中的一件事,而这件事将使你更容易达到人生目标,那么这件事情是什么呢?

在思考的过程中可能你会发现,你过去的经历给你造成的一些消极的信念很可能会妨碍你实现梦想与目标。不过此时此刻,我想提醒你的是,决定你的人生以后怎样过的权利在你手中。很多人仍然被不安全的感觉操纵,他们的所作所为不过是为了满足心中的安全需要。你现在要做的事,是重新审视与你有关的安全信念,并且看有没有可能改变它,然后再回到人生目标这一步上来。

你如果暂时没有目标,不妨从为社会服务、为他人完全不计回报地付出开始。比如被诈骗了的小完美，她在重新整理生活的过程中，得到了不少朋友的帮助。这一方面让她重新认识到自己是可爱的、是有价值的、是能得到帮助的；另一方面也让她树立起一个小目标，就是去做义工，帮助其他需要帮助的人。因为这个创伤经历让她体会到一个人受伤害的时候多么痛苦无助，这个时候如果能得到他人的陪伴和帮助，将是多么大的安慰。她甚至这样想：我经历的这件痛苦的事，就是为了让我发现，我可以做些更有意义的事。

第三，学会真正聆听。

做真实的自己离不开和人的互动，而且正如我们之前说过的：合适的人是能够反映出真实的我们是什么样的镜子。那么，什么样的人际互动才是能帮助真实的自我逐步呈现的互动呢？答案是：把自己和他人都当作活生生的、有血有肉的人的互动。

我们在和人互动的时候，想着真正去关心这个人，而不是只想匆匆忙忙解决这一桩事，这样，我们才可能做到真正聆听，也才有可能放心地去倾诉，也才有可能接近真实的自己。

真正的聆听具备以下特点：带着开放的态度去了解他人的观点，带着同理心去理解他人的情绪状态和感觉，去探索、去共情，而不是嘲笑和批判。就像当一个人告诉你，他不喜欢吃某样东西的时候，你给出合理的反馈才有助于关系的发展。你可以回应：

"哦，你不喜欢吃某东西，就是因为你小时候吃那个东西的时候被吓到了啊。"而不是说："这么好吃的东西你居然不喜欢吃，你是不是有毛病啊？"

当别人说话时，总是用"对"或"错"去评判，似乎已经成了某些人的本能，这样的反应也可能是创伤带来的结果。别人曾经如此对待你，于是你现在也如此对待别人，你用学来的方式告诉别人，你曾经有多难受。但是这样做，会对别人造成伤害，最终导致别人厌恶你、远离你，这实际上也是在继续伤害你自己。所以，如果想建立和维持好人际关系，请注意觉察和管理这方面的问题吧。

需要提醒的是：如果沟通中你的善意不被对方接受，对方始终固执己见，或者不能同样善待你（可能是因为他的铠甲穿得太厚，也可能是他的观点和你不一致，或者他就是一个无法善待他人的人），你可以考虑换一个对象合作，而不是责备对方或者责备自己。

学会善待自己也是善待别人的前提，因为我们总会不知不觉拿自己对自己的方式对别人。良好的关系意味着你和对方彼此尊重，彼此接受，你俩都愿意接受改变并根据他人的改变调整自己，这种改变是有利于你们双方的。

如果他人给你带来的是情感或者身体上的伤害，那么你有权利结束这段关系，但是你没有权利要求他人按照你想保持良好关系的想法做出改变，同样别人也没有权利试图改变你。无论是神还是佛，都无法改变所有世人，何况是凡尘中身为普通人的我们？

当遇到别人的反应和我们预期的不一样的时候，如果你深陷负面情绪之中无法自拔，那么，你可以做的依然是先停下来进行觉察，去寻找使你产生这样情绪的负性信念和过往记忆，而不只是在负面情绪驱动下重复无效行为。有时候，也许你的困难和过去的创伤无关，你只是不会做而已，那更好办，你只要从头开始学怎么做就好。一次不成功就再来一次，直到掌握诀窍为止，就像我们每个人学说话、学走路的过程那样。对于人际沟通的技能，沟通中需要注意的因素等内容，有很多书可以参考，这里就不再详细展开。

最后想说的是，勇敢行动起来吧！用一种"我可以为自己创造想要的生活"的心态，一点点去学习，去行动，去创造，只有相信可以依靠自己得到想要的一切时，你在人际关系中才会真正从容。如果在行动的过程中，你仍然犹豫，觉得"我不行""我害怕"，那就是过往的创伤还在影响你。这时候，你可以找人（可以找朋友，也可以找互助小组，也可以请专业人士）来陪伴你、帮助你，就像刚学走路的孩子需要成人陪伴在身边一样。越做得好的，我们越愿意去做，经过一点一点的实践，自信会逐步提升。

请记得，孩子学走路很容易，因为他们摔倒了就爬起来，继续专注于走路这件事，没有批判自己"你真笨，你真丢人"。我们在生活中不妨也学学这种赤子之心，不管是对自己，还是对别人。

纸上得来终觉浅，绝知此事要躬行。

祝愿大家都能找回真实的自己，重新建立更为舒展的、放松的、能够滋养自己也有益于他人的人际关系。让我们互相勉励，一起前行！

后　记

人生非常奇妙。

有时候，你绞尽脑汁、竭尽全力、忍受苦难去做一件事，最终的结果却让你失望，甚至给你带来无穷伤害，但另一件你只是顺势而为、踏实诚恳、心平气和地完成的事却能让你感到收获满满、甚至备受抚慰。

这大概就是我们中国人所说的"有心栽花花不开，无心插柳柳成荫"吧。

我们日常生活中的很多人际关系如此，这本书也是如此。

我完成这本书的过程，就是一个不断和自己的"高敏感"对话，以及不断受到人际关系支持的过程。

2021年春天，在壹心理平台负责课程开发的小伙伴联系我之前，我从来没想到过要开这样一个课程。2022年春天，在这个线上课程播出大半年后，我也没想到，可以把这个课程深化为一本书让更多的朋友看到。这期间我接到几位来访者，她们都是听了这个课程后来的。

该来的还是会来。2022 年春节前，壹心理的小伙伴张璐很开心地告诉我："朱老师，我已经帮您联系好了出版社，咱们那个《朱志慧的人际敏感课》已经审阅通过了，您着手修改就可以了。"这个信息实在出乎我的意料。

在《朱志慧的人际敏感课》课程之前，我在壹心理平台和其他平台都开设了一些课程，其中有几个备受好评，还有的进入了心理学相关课程年度榜单前十名。但是，我记不清是 2019 年还是 2020 年，当张璐就有关课改书的事联系我并帮我整理这些课程时，我很沮丧地发现，这些课程有的讲的是"情绪管理"，有的讲的是"婚姻恋爱"，有的讲的是"安全感"，它们彼此存在联系，然而不那么连贯、没有完整性，达不到出书的标准。我对张璐说："算了吧，看以后还有没有机会吧。"话这样说，实际上也没再指望以后。让我没想到的是，张璐一直记着这件事！

即使到现在，想起张璐给我发这个信息的时刻，我仍然能体会到那份震惊和感动。一件连自己都放弃了、没有抱希望的事，还有另一个人在我不知情的时候帮我惦记着，为我奔忙。

在震惊和感动之余，我也下定决心，一定要把这本书写好！虽然我之前不管是做课程还是写书都很认真，但是这一次，我要"格外"认真。因为出版这本书已经不是我一个人自负其责的事了，它还凝结了张璐的信任和付出。

2022 年春节过后，我就开始着手本书的写作。一开始，我因为太想把书写好，反而有些矫枉过正，花了大概 4 个月的时间，才重新确定了这本书新的大纲。这期间，从推翻原有框架到找回原有框架，从按照新框架写了新内容到根据找回的原有框架重新写作，诸如此类，反反复复，让张璐和天地出版社的编辑王絮陪着我好一番折腾。一直到 6 月份，我才把框架重新确定好了，写作速度也才跟着快起来。这中间，因为疫情防控，我住的小区还被封闭了 1 个月左右，王絮编辑那边似乎也有相同的遭遇，这或多或少也对书的进度产生了影响。

然而到了 6 月份，让我再一次没想到的一件事发生了，这件事大大影响了我的情绪和心理状态，也让我对自己的写作速度产生了怀疑。我感到沮丧不安，这时候，张璐和王絮再次安慰和鼓励了我，都说："您按照这样稳定的节奏，有步骤地进行就好！"

在她们的支持下，我也想起最初学习认知行为治疗的时候，对我产生很大影响的那句话："心理咨询要帮助来访者成为他们自己的心理咨询师"。我身为一名心理咨询师，也要先把自己多年的专业经验用在帮助自己上，就像我之前做过很多次的那样。

在我对自己"救治"的过程中，我也获得了来自更多朋友的支持和爱护，这使得我对"创伤"和"创伤修复"的理解有了一种豁然开朗的感觉，对"人际关系"对一个人生活的重要性也有了突破性的、更深刻的体会！这种豁然开朗和突破性的领悟，促进了这本书内容质量的提升，也提高了我的写作速度，2022 年 6 ～ 7 月间，剩下的章节我几乎是一气呵成。

就像那句"纸上得来终觉浅，绝知此事要躬行"所言，当我自己对"创伤""创伤修复"和"人际关系对人的支持"有了前所未有的体验时，我的世界豁然开朗了。我身边的亲人也对我说："这短短一个月，你似乎有了很大改变。"自然是向好的改变，是向着温暖、耐心、包容的改变。

我们永远没办法把自己没有的东西给别人。不管是爱、耐心、还是宽容。我们只有自己先具备了这些东西，先这样对待自己，才有可能给予别人。好的人际关系，是一种我们大家彼此给予、互相支持的关系；是可以让"一份欢乐分享出去，就变成两份欢乐，一份悲伤分享出去，就只剩一半悲伤"的关系；是能让我们内心变得丰饶、有力量、勇敢且稳定的关系。

我的专业知识和我的生活心得，此刻都凝结在这本书里。希望通过阅读这本书，你的心情和你的生活也能发生像我这样的改变。请记得，只要你愿意，你就可以做自己，并且永远不孤独！

2022 年 8 月 9 日

出版说明

本书旨在帮助读者缓解不平衡的高敏感带来的负面情绪。如果读者在运用本书提到的心理学技术的过程中感到不适,请立即停止,及时寻求专业的心理咨询师或心理医生的帮助。